普通高等院校土建类应用型人才培养系列规划教材

建筑电气CAD 工程制图设计

主　编　姚小春　魏立明

副主编　孙　萍　王琮泽

参　编　陈伟利　许　亮　郭丽丽

北京理工大学出版社
BEIJING INSTITUTE OF TECHNOLOGY PRESS

内 容 简 介

本书以国家最新标准、规程、规范和图集为依据，以有关专业书籍为借鉴，以大量内部资料为参考，结合自身的工程实践和教学经验，集体编写而成。本书共分七章。第1章介绍了AutoCAD的基础知识、基本操作和工作界面，有关建筑电气施工图的组成、特点及制图的相关规范、标准。第2章主要介绍AutoCAD绘图环境的基本设置，包括图层的设置、尺寸标注的设置以及图块和文字的设置。第3章主要介绍AutoCAD绘图命令和编辑命令的基本操作和绘图技巧。第4章详细介绍了利用AutoCAD绘图命令和编辑命令绘制电气施工图的一些常用图例符号的方法和步骤。第5章详细介绍利用浩辰CAD电气设计软件绘制照明平面图和消防平面图以及统计与生成设备材料表的方法。第6章详细介绍了利用浩辰CAD电气设计软件绘制强电和弱电系统图的操作方法。第7章主要介绍了利用浩辰CAD电气设计软件绘制防雷接地平面图的绘制步骤和操作方法。

本书适合高等学校建筑电气与智能化、电气工程及其自动化、自动化以及其他相关专业用作教材，也可供有关工程技术人员参考。

图书在版编目（CIP）数据

建筑电气CAD工程制图设计/姚小春，魏立明主编.—北京：北京理工大学出版社，2015.8（2020.7重印）

ISBN 978-7-5682-0962-5

Ⅰ.①建…　Ⅱ.①姚…②魏…　Ⅲ.①房屋建筑设备-电气设备-计算机辅助设计-AutoCAD软件　Ⅳ.①TU85-39

中国版本图书馆CIP数据核字（2015）第174187号

出版发行／北京理工大学出版社有限责任公司
社　　址／北京市海淀区中关村南大街5号
邮　　编／100081
电　　话／（010）68914775（总编室）
　　　　　（010）82562903（教材售后服务热线）
　　　　　（010）68948351（其他图书服务热线）
网　　址／http：//www.bitpress.com.cn
经　　销／全国各地新华书店
印　　刷／唐山富达印务有限公司
开　　本／787毫米×1092毫米　1/16
印　　张／14　　　　　　　　　　　　　　　　责任编辑／张慧峰
字　　数／320千字　　　　　　　　　　　　　　文案编辑／张慧峰
版　　次／2015年8月第1版　2020年7月第3次印刷　责任校对／孟祥敬
定　　价／39.00元　　　　　　　　　　　　　　责任印制／李志强

前　言

Qianyan

　　随着信息技术的发展，计算机辅助设计和绘图的技术已成为设计人员的必备技能之一。本书从工程设计的操作实际出发，结合当今最为流行的电气设计软件和典型范例，讲述了电气 CAD 辅助设计和绘图的技能方法。

　　根据应用型院校的培养目标，本书编写的指导思想着重于建筑电气设计绘图的技能与应用。本书是作者多年来从事民用建筑电气工程设计及教学科研的概括总结，内容图文并茂、层次清晰、简单易懂，采用由浅入深、循序渐进、环环相扣的讲述方法，力求把作者积累的实际经验与内容有机融为一体。既有 AutoCAD 制图的基本知识，又有建筑电气工程设计制图的相关知识，如：一些常用的电气图例符号、电气施工图制图的规范、标准及具体制图操作步骤，并利用浩辰 CAD 电气设计软件详细讲解了电气施工图的绘制步骤和操作方法及一些绘图技巧。本书共七章。第 1 章详细介绍了 AutoCAD 的基础知识、基本操作和工作界面，以及有关建筑电气施工图的组成、特点及制图的相关规范、标准。第 2 章主要介绍了 AutoCAD 绘图环境的基本设置，包括图层的设置、尺寸标注的设置以及图块和文字的设置。第 3 章主要介绍了 AutoCAD 绘图命令和编辑命令的基本操作和绘图技巧。第 4 章详细介绍了利用 AutoCAD 绘图命令和编辑命令绘制电气施工图的一些常用的图例符号的方法和步骤。第 5 章详细介绍了利用浩辰 CAD 电气设计软件绘制照明平面图和消防平面图以及统计与生成设备材料表的方法。第 6 章详细介绍了利用浩辰 CAD 电气设计软件绘制强电和弱电系统图的操作方法。第 7 章主要介绍了利用浩辰 CAD 电气设计软件绘制防雷接地平面图的绘制步骤和操作方法。本书适合高等学校建筑电气与智能化、电气工程及其自动化、自动化以及其他相关专业用作教材，也可供有关工程技术人员参考。

　　本书由吉林建筑大学姚小春、魏立明统稿。本书受吉林省教育厅"十二五"科学技术研究项目资助（项目编号：吉教科合字［2014］第 224 号）。由于编写水平有限，加之时间仓促，书中的不妥和谬误之处难免，恳请专家和读者批评指正，以便不断修正。

编　者

Contents

目 录

目 录　　　　　　　　　　Contents

目 录

第 1 章　AutoCAD 的基本概念与建筑电气施工图的绘制内容

CAD 的含义：计算机辅助设计（Computer Aided Design）。CAD 并不是指 CAD 软件，更不是指 AutoCAD，而泛指一种使用计算机进行辅助设计的技术。

常用的 CAD 软件：机械类，UG、Pro/E、Inventor、MDT、Solidworks、SolidEdge、AutoCAD 等；建筑类，Revit、ADT、ABD、天正、中望、园方、AutoCAD 等。建筑电气常用的绘图软件有天正电气 CAD、浩辰电气 CAD 等，都是在 AutoCAD 平台软件二次开发的，且一些绘图和修改等操作还是采用 AutoCAD 的基本命令。本章主要介绍 AutoCAD 的基本操作、主要功能、基本命令操作方法，建筑电气施工图的组成、绘制内容，施工图绘制的有关制图规范和要求。通过本章的学习使没有 CAD 基础的初学者对建筑电气施工图的绘制内容、要求及 AutoCAD 的主要功能和基本操作，有初步的了解和掌握，为后几章熟练掌握用 AutoCAD 和浩辰 CAD 绘制电气施工图打下基础。

第 1 节　认识 AutoCAD

1.1.1　AutoCAD 发展历史

AutoCAD 是由美国 Autodesk 公司开发的通用计算机辅助绘图与设计的软件包，具有易于掌握、使用方便、体系结构开放等特点，深受广大工程技术人员的喜爱。AutoCAD 自 1982 年问世以来，已经进行了近 20 次升级，功能逐渐强大且日趋完善。如今 AutoCAD 已广泛应用于机械、建筑、电子、航天、造船、石油化工、土木工程、冶金、农业、气象、纺织、轻工业等领域。在中国，AutoCAD 已成为工程设计领域中应用最为广泛的计算机辅助设计软件之一。

最早的版本是 1982 年 12 月美国 Autodesk 公司首先推出的 AutoCAD 1.0，现在的版本已经升级到 AutoCAD 2014。工程上各单位绘图所使用的 AutoCAD 版本有 2007 版、2008 版、2009 版、2010 版、2011 版、2012 版、2013 版、2014 版、2015 版等。这些版本的基本操作都是相同的，只是从 2011 版开始在图形处理等方面的功能有所增强，另外一个最显著的特征是增加了参数化绘图功能。用户可以对图形对象建立几何约束，以保证图形对象之间有准确的位置关系，如平行、垂直、相切、同心、对称等。通过建立尺寸约束，既可以锁定对象使其大小保持固定，也可以通过修改尺寸值来改变所约束对象的大小。

1.1.2　AutoCAD 系统组成

一个完整的 AutoCAD 系统由硬件和软件两部分组成，只有同时具有高性能的硬件和功能超强的软件，才能充分发挥 AutoCAD 的作用。

AutoCAD 系统软件主要包括支撑软件和应用软件。支撑软件除了 Windows 操作系统外，主要指的是图形支撑软件平台。应用软件是根据本领域、本专业的工程特点而二次开发的应用软件系统，利用图形支撑软件平台提供的二次开发工具或数据接口功能，将不同类别专业设计技术研制成 AutoCAD 的各类设计工具，使本专业的工程设计能直接按照本专业的设计要求和方法进行，从而大大提高了 AutoCAD 系统的 "设计" 能力和效率。

1.1.3　AutoCAD 安装系统要求

1. 操作系统

Windows Vista（SP2）、Windows XP（SP2）、Windows 7。

2. 浏览器

AutoCAD 为用户提供了强大而完善的网络功能，这对 WEB 浏览器提出了要求。WEB 浏览器需要 Internet Explorer 7.0 或更高版本脚本支持。

3. 处理器

AMD 或英特尔的 64 位处理器。

4. 内存

2GB 内存，建议使用 8GB 内存。

5. 显示器

屏幕分辨率为 1024×768 像素，VGA，真彩色，需要支持 Windows 的显示适配器。

6. 磁盘空间

安装程序至少需要 2GB 的可用空间，系统一般默认安装在 C 盘。

1.1.4　AutoCAD 系统的应用领域

早期版本的 AutoCAD 主要应用于二维图形的绘制，例如设计施工图、平面图、布置图等，发展到如今，已经在三维功能上有了许多改进，而且有了二维直接生成三维的功能。

在设计领域，AutoCAD 应该算是最基础也是最重要的软件之一，其通用性比较强，而且操作简单、易学易用，用户群体非常庞大，可以应用于建筑、机械、工程等各行业。

1.1.5　AutoCAD 发展趋势

现阶段 AutoCAD 已经在各个工程设计领域广泛地普及和应用，科学计算可视化、虚拟化设计和虚拟制造技术将进一步深化。未来的 AutoCAD 系统将向标准化、开放化、集成化和智能化的方向发展，这将大大提高 AutoCAD 系统的智能化水平和专业化水平，使其能更加准确高效地协助设计人员进行设计。

1. 标准化

现阶段 AutoCAD 标准化有两类：一是公用标准，主要是指国家或国际制定的标准，属于公有性质，注重标准的开放性和所采用技术的先进性；另一类是指市场标准或行业标准，属于私有性质，以适应市场为导向，注重考虑经济利益和有效性，但容易导致垄断和无谓的标准战。鉴于行业标准所存在的弊端，未来标准的目标是将公用标准变成工业标准。

2. 开放化

开放性的 AutoCAD 系统目前广泛建立在开放操作窗口 Windows 和 UNIX 平台上，在 JAVA 和 LINUX 平台上也有 AutoCAD 产品。另外 AutoCAD 系统可为使用者提供二次开发的环境，这类环境可开发其内核源码，甚至可以定制自己的 AutoCAD 系统。

3. 集成化

AutoCAD 系统集成化主要体现在：一是把广义 AutoCAD 功能经过多种形式集成使其成为企业一体化解决方案；二是将 AutoCAD 技术所采用的算法、功能模块和系统做成专业芯片，以提高 AutoCAD 系统的效率；三是把 AutoCAD 基于网络计算环境，实现异地、异构系统在企业间的集成。

4. 智能化

智能化设计是一个含有高度智能的人类创造性活动领域，智能 AutoCAD 是 AutoCAD 系统发展的必然方向。智能 AutoCAD 不是简单地将现有的智能技术与 AutoCAD 技术相结合，而是要更深入地研究人类设计思维模型，并利用信息技术来表达和模拟它，这将为人类智能领域提供新的理论和方法。

第 2 节　AutoCAD 基本知识

1.2.1　AutoCAD 主要功能

目前，AutoCAD 在机械制图和建筑制图方面的应用比较广泛。概括起来说，AutoCAD 的功能主要有：绘制图形、渲染图形、标注尺寸和打印图形等。以下介绍的 AutoCAD 功能均以 AutoCAD 2014 版本为例。

1. 绘制图形

AutoCAD 具有强大的绘图功能，不但能够用来绘制一般的二维工程图形，而且能够进行三维实体造型，生成三维质感的图形，其线框、曲面和实体造型功能非常强大。

绘图命令主要有：直线、构造线、多线、正多边形、矩形、圆、圆弧、样条曲线、块、表格等。

编辑命令主要有：删除、复制、镜像、偏移、阵列、移动、旋转、修剪、打断、倒角、圆角等。

2. 渲染图形

与线框图形或着色图形相比，渲染图形更加能表现三维对象的形状和大小。渲染的对象也使设计者更容易表达设计思想。在 AutoCAD 中，可以建立三维对象的渲染图形，通过定义表面材料及其反射量来控制对象的外观，通过添加光线以获得所需要的效果。

3. 标注尺寸

为了使设计图形含有更多的信息和更加实用，制图中要标注尺寸。主要包括标注线性尺寸、半径、直径、角度、圆心标记、尺寸公差及形位公差，设置标注样式及修改标注等基本操作命令。

4. 打印输出图形

在 AutoCAD 中，可以将当前图形文件以多种图形格式输出或打印。

1.2.2 安装、启动、退出 AutoCAD

1. 安装 AutoCAD 2014

AutoCAD 2014 软件以光盘形式提供，光盘中有名为 SETUP. EXE 的安装文件。执行 SETUP. EXE 文件，根据弹出的窗口选择、操作即可。

2. 启动 AutoCAD 2014

安装 AutoCAD 2014 后，系统会自动在 Windows 桌面上生成对应的快捷方式。一种方法是双击该快捷方式即可启动 AutoCAD 2014。另一种方法与启动其他应用程序一样，通过 Windows "开始" 菜单、Windows 任务栏按钮等，按①～⑤步启动 AutoCAD 2014，如图 1 - 1 所示。

图 1 - 1　启动 AutoCAD 2014 界面

3. 退出 AutoCAD 2014

退出 AutoCAD 2014 的方法比较多，除了通过 AutoCAD 本身自带的命令和工具（如图 1 - 2 所示）外，还可以通过键盘上的 Ctrl + Q 或者 Alt + F4 快捷组合键来退出程序。

1.2.3　AutoCAD 工作界面

AutoCAD 2014 的经典工作界面由标题栏、菜单栏、各种工具栏、绘图窗口、光标、命令窗口、状态栏、坐标系图标、模型与布局选项卡和菜单浏览器等组成，如图 1 - 3 所示。

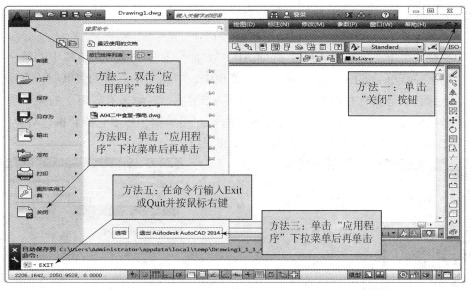

图 1-2　退出 AutoCAD 2014 界面

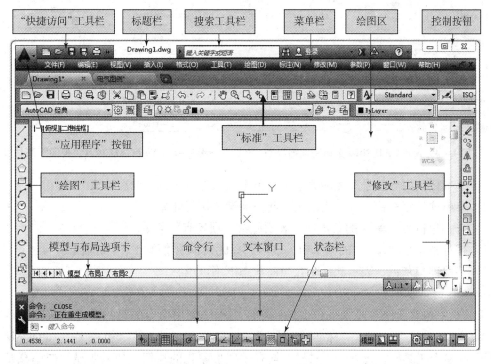

图 1-3　AutoCAD 2014 工作界面

1. 标题栏

标题栏与其他 Windows 应用程序类似，位于窗口的最顶端，用于显示 AutoCAD 2014 当前正在运行的程序图标以及当前所操作图形文件的名称。如果是 AutoCAD 默认的图形文件，其名称为 DrawingN. dwg，其中根据打印文件的数目，依次为 1，2，3……。

2. 应用程序按钮（菜单浏览器）

单击菜单浏览器，AutoCAD 会将浏览器展开，如图 1-4 所示。用户可通过菜单浏览器执行相应的操作。

3. 菜单栏

菜单栏是主菜单，可利用其执行 AutoCAD 的大部分命令。单击菜单栏中的某一项，会弹出相应的下拉菜单。如图 1-5 所示。下拉菜单中，右侧有小三角的菜单项，表示它还有子菜单，光标移到上面时右边会显示出"缩放"子菜单；右侧带有省略号的菜单项，表示单击该菜单项后会弹出一个对话框；右侧没有内容的菜单项，单击它后会执行对应的 Auto-CAD 命令。在 AutoCAD 的菜单栏中各选项含义如下：

图 1-4　AutoCAD 2014 菜单浏览器界面

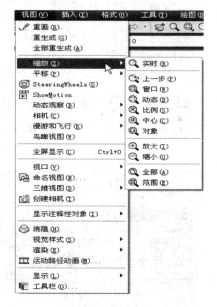

图 1-5　AutoCAD 2014 "视图" 下拉菜单

1）不带任何内容符号标注的菜单项，单击该项将直接执行或启动该命令。

2）菜单项后跟有快捷键，表示按下此快捷键可执行此命令。

3）带三角符号 "▶" 的菜单项，表明此菜单项还有子菜单。

4）带有省略号 "..." 的菜单项，表示选择此菜单项将弹出一个对话框。

5）菜单项呈灰色，表示此命令在当前状态下不可用。

4. 工具栏

工具栏中包含了许多命令按钮，它们是应用程序调用命令的另一种方式。在默认情况下，AutoCAD 窗口中显示了"标准""属性""绘图"和"修改"等工具栏。AutoCAD 2014 提供了 40 多个工具栏，每一个工具栏上均有一些形象化的按钮。如果要显示或隐藏某一个工具栏，可在任意工具栏上单击鼠标右键，弹出工具栏快捷菜单。其中已经打开的工具栏名称前带 "√" 标识，如果要隐藏该工具栏，则单击该项；如果要执行某个命令，只要单击该项某一按钮如"直线" ✎ 按钮，可以启动 AutoCAD 的对应命令。

用户可以根据需要，打开或关闭任何一个工具栏。方法是：在已有工具栏上单击鼠标右键，AutoCAD 弹出工具栏快捷菜单，通过其可实现工具栏的打开与关闭。

此外，通过选择下拉菜单【工具】→【工具栏】→【AutoCAD】对应的子菜单命令，也可以打开 AutoCAD 的各工具栏。

5. 绘图区

绘图区类似于手工绘图时的图纸，是用户使用 AutoCAD 绘图并显示所绘图形的工作区域。所有绘图操作都要在这个区域中进行。在绘图区域除了显示绘图结果外，还显示当前使用的坐标系类型和坐标原点及 X、Y、Z 轴的方向等。在默认情况下，坐标系为世界坐标系（WCS），用户也可以根据设计需要更改坐标系。例如，在绘制三维设计图时，需要调整坐标系原点位置，或者建立新的坐标系。

用户可以单击绘图区右边与下边滚动条上的按钮，或拖动滚动条上的滑块来移动图纸，以查看未显示的部分，也可以关闭界面中的某些工具栏来增大绘图区域。

AutoCAD 提供了两种工作环境即模型空间和布局空间。系统默认的是模型空间，在该模式下，将按实际尺寸绘制图形。单击绘图区域下方的"模型"和"布局"选型卡，可以在模型空间和布局空间之间进行切换。

6. 光标

光标位于 AutoCAD 的绘图窗口时为十字形状，所以又称其为十字光标。十字线的交点为光标的当前位置，十字光标的大小可以通过菜单栏中【工具】→【选项】→【显示】→【十字光标大小】进行设置，最小为"0"，最大为"100"。AutoCAD 的光标用于绘图、选择对象等操作。图 1 - 6 是 AutoCAD 十字光标的"选项"界面，图 1 - 7 是 AutoCAD 十字光标的"显示"界面。

图 1 - 6　AutoCAD 十字光标"选项"界面

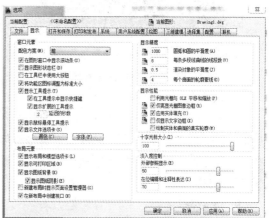

图 1 - 7　AutoCAD 十字光标"显示"界面

7. 坐标系图标

坐标系图标通常位于绘图窗口的左下角，表示当前绘图所使用的坐标系的形式以及坐标方向等。AutoCAD 提供有世界坐标系（World Coordinate System，WCS）和用户坐标系（User Coordinate System，UCS）两种坐标系。世界坐标系为默认坐标系。

（1）世界坐标系 WCS。

AutoCAD 中默认的坐标系是世界坐标系，是在进入 AutoCAD 时系统自动建立的原点位置和坐标轴方向固定的一种整体坐标系。世界坐标系包括 X 轴和 Y 轴，其坐标轴的交汇处有一个"W"形标记，如图 1 - 8 所示。世界坐标系中所有的位置都是相对于坐标原点计算的，而且规定 X 轴正方向及 Y 轴正方向为正方向。

AutoCAD 中的世界坐标系是唯一的，用户不能自行建立，也不能修改它的原点位置和坐标方向。所以世界坐标系为用户的图形操作提供了一个不变的参考基础。

（2）用户坐标系 UCS。

为了方便绘图的需要，有时用户会改变坐标系的原点和方向，这时就要把世界坐标系改为用户坐标系。用户坐标系的原点可以定义在世界坐标系中任意位置，坐标轴和世界坐标系也可以成任意角度。用户坐标系的坐标轴交汇处没有"W"形标记。用户坐标系是一种局部坐标系，在 AutoCAD 系统中可以设置多个用户坐标系。

设置用户坐标系的操作方法：一是选择"工具"菜单中的"原点（N）"命令，在绘图区单击设置或用"新建 UCS（W）"下其他子命令均可设置；二是在命令行中输入 UCS 命令，然后在绘图区域中单击一点，该点就成了新坐标系的原点，世界坐标系就变成了用户坐标系，如图 1 - 8 所示。

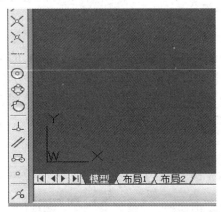

图 1 - 8　AutoCAD 世界坐标系

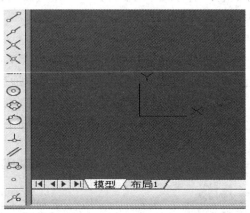

图 1 - 9　AutoCAD 用户坐标系

8. 状态栏

状态栏用于显示或设置当前的绘图状态。状态栏上位于左侧的一组数字反映当前光标的坐标，其余按钮从左到右分别表示当前是否启用了捕捉模式、栅格显示、正交模式、极轴追踪、对象捕捉、对象捕捉追踪、动态 UCS、动态输入等功能以及是否显示线宽、当前的绘图空间等信息。

9. 滚动条

绘图区不可能显示所有图形，当要查看未显示的现实部分时，则利用水平或垂直滚动条，可以使图纸沿水平或垂直方向移动，即平移绘图窗口中显示的内容。

10. 命令窗口和文本窗口

命令窗口是 AutoCAD 显示用户从键盘键入的命令和提示信息的地方。默认时，AutoCAD 在命令窗口保留最后三行所执行的命令或提示信息。用户可以通过拖动窗口边框的方式改变命令窗口的大小，使其显示多于 3 行或少于 3 行的信息。"命令行"位于绘图窗口的底部，在 AutoCAD 中，可以将"命令行"拖放为浮动窗口。将鼠标指针指向命令栏的最左端，按住左键可以将它拖动到其他位置，成为浮动窗口，如图 1 - 10 所示。当命令栏处于浮动状态时，在其标题栏上单击鼠标右键，在弹出的快捷菜单中选择"透明度"命令，打开"透明"对话框（如图 1 - 11 所示），拖动其中的滑块可以设置窗口的透明度。当透明度足够大时，用户能看到位于命令窗口下面的图形，这样可以增大绘图区域。

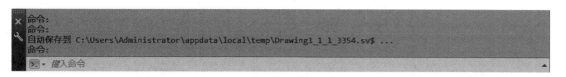

图 1 - 10　浮动状态的命令行

AutoCAD 文本窗口是记录 AutoCAD 命令的窗口，是放大的"命令行"窗口，它记录了用户已执行的命令，也可以用来输入新命令。在 AutoCAD 2014 中，用户可以选择【视图】→【显示】→【文本窗口】命令、执行 TEXTSCR 命令或按 F2 键来打开它。

11. 模型与布局选项卡

单击"模型"或"布局"选项按钮可以实现模型空间和布局空间的切换。处于布局空间时，用户不能对图形进行编辑；处于模型空间时，用户可以对图形进行编辑操作，如图 1 - 12、图 1 - 13 所示。

图 1 - 11　"透明度"对话框

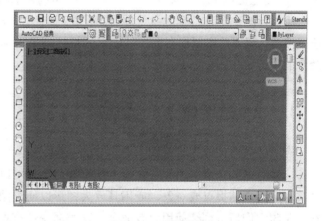

图 1 - 12　模型空间

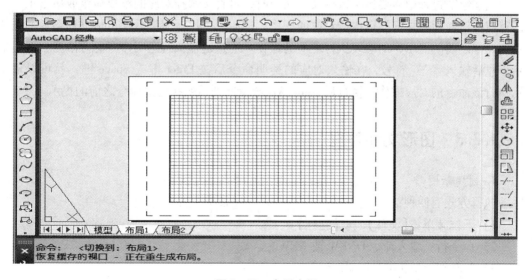

图 1 - 13　布局空间

第 3 节　AutoCAD 命令

1.3.1　执行 AutoCAD 命令的方式

执行 AutoCAD 命令的方式有以下几种方法：

1）通过键盘输入命令。

2）通过菜单执行命令。

3）通过工具栏执行命令。

4）重复执行命令。具体方法如下：

a. 按键盘上的 Enter 键或按 Space 键；

b. 使光标位于绘图窗口，右击使 AutoCAD 弹出快捷菜单，并在菜单的第一行显示出上一次所执行的命令，选择此命令即可重复执行对应的命令。在命令的执行过程中，用户可以通过按 Esc 键或单击鼠标右键、从弹出的快捷菜单中选择"取消"命令的方式终止 AutoCAD 命令的执行。

1.3.2　透明命令

有一类命令被称为"透明命令"，可以嵌套在其他命令中使用，例如：⟨图标⟩实时平移、实时缩放、窗口缩放、缩放上一个等命令，可以在启动了某个绘图或修改命令后，用其移动屏幕来捕捉点或对象，或用其放大图形以便绘图。它们的启动不会影响原有命令的存在，关闭它们后可继续使用原有命令。这类命令还有点的捕捉命令。

当在绘图过程中需要透明执行某一命令时，可直接选择对应的菜单命令或单击工具栏上的对应按钮，而后根据提示执行对应的操作。透明命令执行完毕后，AutoCAD 会返回到执行透明命令之前的提示，即继续执行之前的操作。通过键盘执行透明命令的方法为：在当前提示信息后输入"'"符号，在输入对应的透明命令后按 Enter 键或 Space 键，就可以根据提示执行该命令的对应操作，执行后 AutoCAD 会返回到透明执行此命令之前的提示。

1.3.3　图形文件管理

1. 创建新图形

执行方式有四种：

1）下拉菜单：【文件】→【新建】。

2）命令行：输入命令 QNEW 或 NEW。

3）工具栏：单击 ⟨图标⟩ 按钮。

注意：打印样式是通过确定打印特性（例如线宽、颜色和填充样式）来控制对象和布局的打印方式。打印样式可分为"Color Dependent（颜色相关）"和"Named（命名）"两种模式。颜色相关打印样式以对象的颜色为基础，共有 255 种颜色相关打印样式。在颜色相关打印样式模式下，通过调整与对象颜色对应的打印样式可以控制所有具有同种颜色的对象的打印方式。命名打印样式可以独立于对象的颜色使用，可以给对象指定任意一种打印样式，不管对象的颜色是什么。

4）单击"快捷访问"工具栏上的"新建"|□ 按钮。

以上四种方式 AutoCAD 都会弹出"选择样板"对话框，如图 1 - 14 所示。

图 1 - 14　选择样板对话框

2. 打开图形

单击"标准"工具栏或"快捷访问"工具栏上的"打开"　□ 按钮，或选择【文件】→【打开】命令，即执行 OPEN 命令，AutoCAD 弹出与图 1 - 14 类似的"选择文件"对话框，可通过此对话框确定要打开的文件并打开它。

3. 保存图形

（1）用 QSAVE 命令保存图形。

单击"标准"工具栏上的 ■（保存）按钮，或选择【文件】→【保存】命令，即执行 QSAVE 命令。如果当前图形没有命名保存过，AutoCAD 会弹出"图形另存为"对话框。通过该对话框指定文件的保存位置及名称后，单击"保存"按钮，即可实现保存。

如果执行 QSAVE 命令前已对当前绘制的图形命名保存过，那么执行 QSAVE 后，AutoCAD 直接以原文件名保存图形，不再要求用户指定文件的保存位置和文件名。

（2）换名存盘。

换名存盘指将当前绘制的图形以新文件名存盘。执行 SAVEAS 命令，AutoCAD 弹出"图形另存为"对话框，要求用户确定文件的保存位置及文件名，用户响应即可。

（3）密码保护功能。

在 AutoCAD 2014 中，保存文件时都可以使用密码保护功能，对文件进行加密保存。当选择【文件】→【保存】或【文件】→【另存为】命令时，将打开【图形另存为】对话框。在该对话框中选择【工具】→【安全选项】命令，此时将打开【安全选项】对话框。在【密码】选项卡中，可以在"用于打开此图形的密码或短语"文本框中输入密码，然后单击【确定】按钮，打开【确认密码】对话框，并在"再次输入用于打开此图形的密码"文本框中输入确认密码。

在进行加密设置时，可以在此选择 40 位、128 位等多种加密长度。可在【密码】选项卡中单击【高级选项】按钮，在打开的【高级选项】对话框中进行设置。为文件设置了密码后，在打开文件时系统将打开【密码】对话框，要求输入正确的密码，否则将无法打开该图形文件。设置密码保护对于需要保密的图纸非常重要。

第4节 建筑电气 CAD 制图内容及要求

1.4.1 建筑电气绘图的基础知识

在学习 AutoCAD 之前，首先要了解和掌握建筑电气施工图制图的统一标准。

1. 图幅

在设计制图之前，必须先确定自己所需要绘制施工图的图幅规格，根据《房屋建筑制图统一标准》，图纸幅面及图框尺寸通常有 A0、A1、A2、A3、A4 五种标准规格，具体尺寸如表 1－1 所示。

在以上标准的图幅规格基础上，根据绘图需要还可以有把标准图幅长边加长四分之一、加长二分之一、加长四分之三等规格的图幅，具体用哪种图幅，则根据所设计的施工图面积大小来确定。表 1－2 所示为图纸长边加长尺寸（mm）。

表 1－1　幅面及图框尺寸　　　　　　　　　　mm

幅面代号 / 尺寸代号	A0	A1	A2	A3	A4
$b \times l$	841×1189	594×841	420×594	297×420	210×297
c	10			5	
a	25				

表 1－2　图纸长边加长尺寸　　　　　　　　　　mm

幅面代号	长边尺寸	长边加长后的尺寸
A0	1189	1486（A0＋1/4 l）　　1635（A0＋3/8 l）　　1783（A0＋1/2 l） 1932（A0＋5/8 l）　　2080（A0＋3/4 l）　　2230（A0＋7/8 l） 2378（A0＋1 l）
A1	841	1051（A1＋1/4 l）　　1261（A1＋1/2 l）　　1471（A1＋3/4 l） 1682（A1＋1 l）　　　1892（A1＋5/4 l）　　2102（A1＋3/2）
A2	594	743（A2＋1/4 l）　　891（A2＋1/2 l）　　1041（A2＋3/4 l） 1189（A2＋1 l）　　1338（A2＋5/4 l）　　1486（A2＋3/2 l） 1635（A2＋7/4 l）　　1783（A2＋2 l）　　1932（A2＋9/4 l） 2080（A2＋5/2 l）
A3	420	630（A3＋1/2 l）　　841（A3＋1 l）　　1051（A3＋3/2 l） 1261（A3＋2 l）　　1471（A3＋5/2 l）　　1682（A3＋3 l） 1892（A3＋7/2 l）
注：有特殊需要的图纸，可采用 $b \times l$ 为 841 mm ×891 mm 与 1189 mm ×1261 mm 的幅面。		

2. 绘图比例

图样的比例，是指图形与实物相对应的线性尺寸之比，比例的大小是指其比值的大小。在设计制图之前，除要确定所绘制施工图的图幅规格外，还要确定绘制图纸的比例，这点非常重要。比较常用的标准绘图比例有以下几种，即 1:1、1:2、1:5、1:10、1:20、1:50、1:100、1:150、1:200、1:500、1:1000 等。建筑电气专业平面图常用的绘图比例是 1:100，系统图不按比例。土建专业常用的绘图比例是 1:1，建筑规划总图和鸟瞰图通常绘图比例是 1:500。一般情况下，一个图样应选用一种比例。根据专业制图需要，同一样图可以选用两种比例。

3. 绘图文字和数字字体、字高

在电气施工图中，文字字体宜采用长仿宋，数字宜采用拉丁字母、阿拉伯数字或罗马数字。字高通常选用 1.8 mm、2.5 mm、3.5 mm、4 mm、5 mm、7 mm、10 mm、14 mm 等八种规格。如果书写更大的字，其高度应按 $\sqrt{2}$ 的比值递增。根据具体情况及图面美观规范选择适合的字高，通常数字不能小于 2.5 mm。

4. 绘图图线宽度

在电气施工图中，图线的宽度 b 线，应从 1.4 mm、1.0 mm、0.7 mm、0.5 mm、0.35 mm、0.25 mm、0.18 mm、0.13 mm 线宽系列选取，图线宽不应小于 0.1 mm。每个图样应根据复杂程度与比例大小先选定基本线宽，再选用相应的线宽。如表 1-3 线宽组所示。

表 1-3　线宽组　　　　　　　　mm

线宽比	线宽组			
b	1.4	1.0	0.7	0.5
$0.7b$	1.0	0.7	0.5	0.35
$0.5b$	0.7	0.5	0.35	0.25
$0.25b$	0.35	0.25	0.18	0.13

注：1. 需要缩微的图纸，不宜采用 0.18 mm 及更细的线宽。
　　2. 同一张图纸内，各不同线宽中的细线，可统一采用较细的线宽组的细线。

1.4.2　建筑电气施工图的组成

1. 设计说明

设计说明是对整套电气施工图纸的设计理念和方案的一个系统介绍和说明。设计说明分为强电设计说明和弱电设计说明，它主要包括工程概况、设计依据、电源的供电方式、电压等级、强电和弱电的进线方式；导线、电缆的规格及敷设方式，配电设备的安装施工要求；防雷接地及设备接地等设施的做法与要求；图中各电气符号（图例）说明以及设计和施工所使用的规范、图集等。

2. 平面图

平面图包括照明及应急照明平面图、动力平面图、防雷接地平面图、设备布置平面图等强电平面图和消防报警平面图、综合布线平面图、安防监控、防盗对讲等弱电平面图。所有这些平面图都是通过各种电气图例，来描述各种用电设备在满足相关国家规范、标准的情况下所在平面的具体位置、配电方式、施工要求等。如图 1 - 15、图 1 - 16 所示。这只是某一工程电气施工图的局部照明和消防平面图。

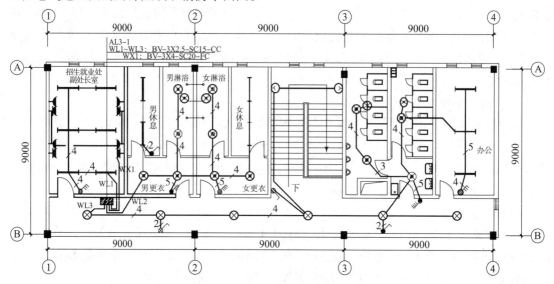

图 1 - 15　照明平面图

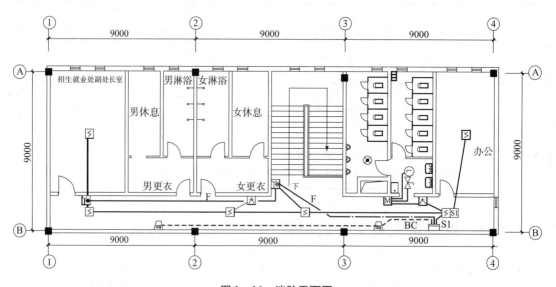

图 1 - 16　消防平面图

3. 系统图

系统图包括照明及应急照明、动力等强电系统图和消防报警、综合布线等弱电系统图，它是用来描述其所对应平面图中各种用电设备的供配电方案，体现主要变、配电设备的名称、型号、规格和数量等，根据使用要求选择合理的技术参数来满足设计要求。一般采用的单线图可以不按比例绘制。如图 1 - 17 和图 1 - 18 所示。

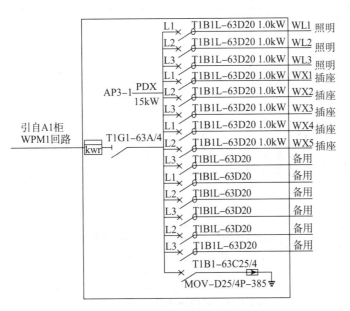

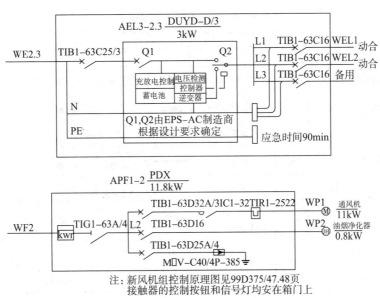

注: 新风机组控制原理图见99D375/47.48页
接触器的控制按钮和信号灯均安在箱门上

图 1 - 17　照明动力系统图

1.4.3　建筑电气施工图的特点

建筑电气施工图采用电气图例和规定代号来表示用电设备、用电电器及导线、电缆等安装和敷设方式。常用的图例符号如表 1 - 4 所示。平面图和系统图中各电气设备的连接采用单线图。线型要求: 建筑图部分用细实线绘制, 通常由建筑专业人员绘制; 电气施工图导线用粗实线绘制, 一般线宽在 1:100 比例图中采用 50 mm; 导线不能交叉, 交叉时必须有其中一条导线断开。具体绘制详见第五、六章。

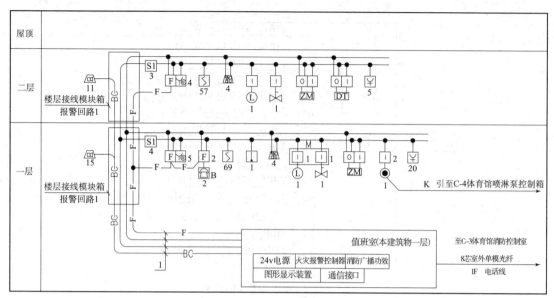

图 1-18 消防报警系统图

表 1-4 常用电气施工图图例

图例	名　称	图例	名　称	图例	名　称	图例	名　称
⚡	智能感烟探测器	D	输出模块	▬	照明配电箱	⚊•	一联面板开关
⚡	智能感温探测器	I	输入模块	▭	动力配电箱	⚌•	双联面板开关
⚐	吸顶扬声器	I/o	输入/输出模块	◥	双电源切换箱	⚏•	三联面板开关
⚏	消防直通电话	L	水流指示器	▬	单管T5高效节能荧光灯管	⚏•	四联面板开关
⚏	手报按钮（带插孔）	⋈	信号阀	▭	双管T5高效节能荧光灯管	⚌•	一联双控面板开关
⚏	火灾警铃	TP⎓TO	双孔信息插座（1数据+1语音）	▭	镜前灯	⌂	三孔插座
S1	短路隔离器	⎓TV	有线电视终端	⊗	防水防尘灯	⊻	二、三孔防溅型插座
⚐	消火栓按钮	←	疏散指示灯	◼	双头应急灯	⊔	二、三孔插座
⋈	湿式报警阀组	→	疏散指示灯	E	出口指示灯		

思考题

1. AutoCAD 的工作界面都有哪些组成部分？

2. AutoCAD 的主要功能有哪些？

3. 保存图形文件都有哪些操作方法？

4. 常用的透明命令都有哪些？

5. 建筑电气施工图有哪些特点？绘制电气施工图有哪些规定？

第 2 章　AutoCAD 图层和绘图环境基本设置

通过第一章的学习，我们掌握了 AutoCAD 绘图的基本功能和基本操作，对绘制建筑电气施工图的基本要求和绘制内容也有了初步的了解。本章我们主要学习绘制建筑电气施工图的图层和绘图环境的设置。通过本章的学习，可以奠定 AutoCAD 绘图的基础。

第 1 节　AutoCAD 图层设置

AutoCAD 图层相当于完全重合在一起的透明纸，或者说是一组透明抽屉，用户可以任意选择其中的一个图层绘制图形，各个图层上的图形不会互相干扰。这就大大提高了绘图空间，使绘图效率得到提高。

2.1.1　图层的特点

用户可以在一幅图中指定任意数量的图层。系统对图层数没有限制，对每一图层上的对象数量也没有任何限制。每一图层命一个名称，以便区别。当开始绘制一幅新图时，Auto-CAD 会自动创建名为 0 的图层，这是 AutoCAD 的默认图层，其余图层需要用户来定义。一般情况下，在同一个图层上的对象应该是同一种绘图线型、同一种绘图颜色的，用户可以根据制图需要改变各图层的线型、线宽、颜色等特性。虽然 AutoCAD 允许用户建立多个图层，但只能在当前图层上绘图。各图层具有相同的坐标系和相同的显示缩放倍数，用户可以对位于不同图层上的对象同时进行编辑操作，但需要单独编辑某个图层时必须将该图层设置为当前图层。用户还可以对各图层进行打开、关闭、冻结、解冻、锁定与解锁等操作，以决定各图层的可见性与可操作性。下面我们详细介绍图层的设置。

2.1.2　创建图层

图层是 AutoCAD 提供的一个管理图形对象的工具，用户可以在图层上对图形的几何对象、文字、颜色、线型、线宽等参数进行设置归类。对于一幅新图来说，AutoCAD 会自动创建一个图层，名为图层 0，这是 AutoCAD 的默认图层，不可以更改图层名。用户可以根据需要来创建新图层。

创建的方法是：选择菜单【格式】→【图层】命令，会出现如图 2-1 所示对话框。

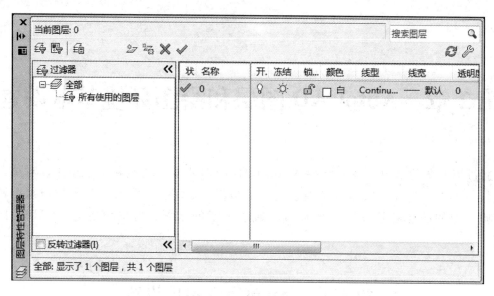

图 2 - 1　图层对话框

根据需要用户可以单击新建图层 按钮，将会弹出如图 2 - 2 所示对话框。可以在 图层1 文本框里输入新的图层名称，如"照明"。

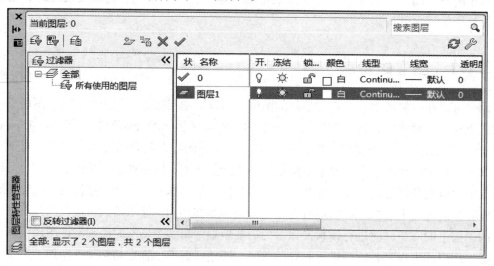

图 2 - 2　创建新图层

1. 设置图层的颜色

图层的颜色在图形里很重要，每个图层里都有一定的颜色。对于不同的图层可以设置成同一颜色，也可以设置不同颜色。设置不同颜色容易区分图形的各个部分。AutoCAD 系统提供了丰富的颜色方案供用户使用，其中最常用的颜色方案是采用"索引颜色"，即用自然数表示颜色，共有 255 种颜色，其中 1～7 号为标准颜色，它们是：1 表示红色、2 表示黄色、3 表示绿色、4 表示青色、5 表示蓝色、6 表示洋红、7 表示白色（如果绘图背景的颜色是白色，7 号颜色显示成黑色）。

默认情况下新创建的图层颜色为白色，用户可根据绘图需要改变图层颜色，单击创建新

图层里的 ■ 颜色按钮，会弹出如图 2-3 所示对话框。对话框中有"索引颜色""真彩色"和"配色系统"3 个选项卡，分别用于以不同的方式确定绘图颜色。在"索引颜色"选项卡中，用户可以将绘图颜色设为 ByLayer（随层）、ByBlock（随块）或某一具体颜色。其中，随层是指所绘对象的颜色总是与对象所在图层设置的绘图颜色相一致，这是最常用到的设置。

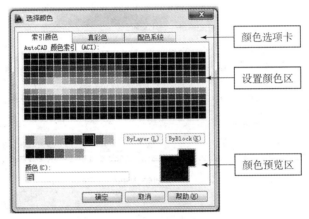

图 2-3　"选择颜色"对话框

此外，颜色还可以通过选择【格式】→【颜色】命令来设置。

2. 设置图层的线型

线型是作为图形基本元素的线条的组成和显示方式，有点画线、虚线、实线等。在 AutoCAD 中，既有简单的线型，又有复杂的线型，用户可根据绘图需要来设定线型，利用这些线型基本可以满足不同行业标准的要求。

用户在绘制图形时可以使用不同的线型。系统默认情况下，图层的线型为 Continuous。当单击"图层特性管理器"对话框中的 Continu... 打开如图 2-4 所示对话框。默认情况下，"选择线型"对话框里只有 Continuous 这一种线型，如果需要使用其他线型可以单击 加载(L)... 按钮，打开如图 2-5 所示对话框，根据绘图需要选择线型。

此外，线型还可以通过选择【格式】→【线型】命令来设置，如图 2-6 所示对话框。通过"加载"和"显示细节"等选项设置所需要的线型。

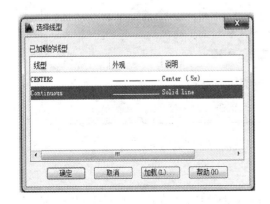

图 2-4　"选择线型"对话框

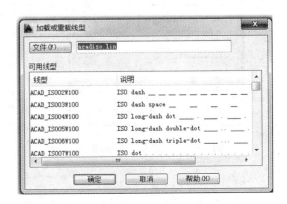

图 2-5　"加载或重载线型"对话框

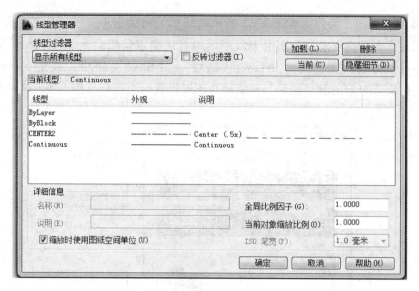

图 2-6   "线型管理器"对话框

3. 设置图层的线宽

线宽就是用不同宽度的线条来表现对象的大小和类型，它可以提高图形的表达能力和可读性。用 AutoCAD 绘制工程图时，有两种确定线宽的方式：一种是直接将构成图形对象的线条用不同的宽度表示；另一种是将有不同线宽要求的图形对象用不同颜色表示，但其绘图线宽仍采用 AutoCAD 的默认宽度，不设置具体的宽度。当通过打印机或绘图仪输出图形时，利用打印样式将不同颜色的对象设成不同的线宽，即在 AutoCAD 环境中显示的图形没有线宽，而通过绘图仪或打印机将图形输出到图纸后会反映出线宽。

通常情况下，系统线宽设为"默认"。如果需要改变线宽，可以在"图层特性管理器"对话框中新建图层中单击 ——— 默认 选项，在弹出如图 2-7 所示的对话框中进行设置。

此外，线宽还可以通过选择【格式】→【线宽】命令来设置，如图 2-8 所示对话框。

图 2-7   "线宽"对话框

图 2-8   "线宽设置"对话框

4. 特性工具栏

利用特性工具栏，可快速、方便地设置绘图颜色、线型以及线宽，如图 2-9 所示。在此工具栏设置的颜色、线型以及线宽，绘图时会优先于其他方式的设置。

图 2 - 9　"特性工具栏"

（1）"颜色控制"下拉列表框。

该列表框用于设置绘图颜色。单击此列表框，AutoCAD 会弹出下拉列表，如图 2 - 10 所示。用户可通过该列表设置绘图颜色（一般都选择"随层"），或修改当前图形的颜色。

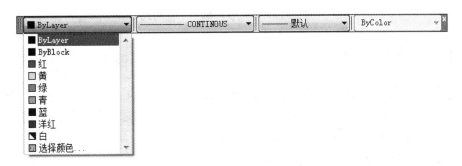

图 2 - 10　"颜色控制"下拉列表

绘图时如果想修改图形对象的颜色，首先选择所要修改的图形，然后在"颜色下拉列表"中选择对应的颜色。如果单击列表中的"选择颜色"■按钮，AutoCAD 会弹出"选择颜色"对话框，供用户选择。

（2）"线型控制"下拉列表框。

该列表框用于设置绘图线型。单击此列表框，AutoCAD 会弹出下拉列表，如图 2 - 11 所示。用户可通过"线型控制"下拉列表设置绘图线型（一般都选择"随层"），或修改当前图形的线型。

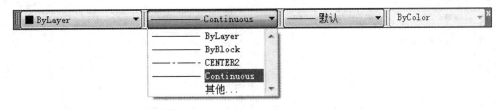

图 2 - 11　"线型控制"下拉列表

如果修改图形对象的线型，首先选择对应的图形，然后在"线型控制"下拉列表中选择对应的线型。如果单击列表中的"其他"选项，AutoCAD 会弹出"线型管理器"对话框，供用户选择。

（3）"线宽控制"下拉列表框。

该列表框用于设置绘图线宽。单击此列表框，AutoCAD 弹出下拉列表，如图 2 - 12 所示。用户可以根据绘图需要通过该列表设置绘图线宽（一般都选择"随层"），或修改当前图形的线宽。如果绘图需要修改图形对象的线宽，先选择对应的图形，然后在"线宽控制"下拉列表中选择对应的线宽。

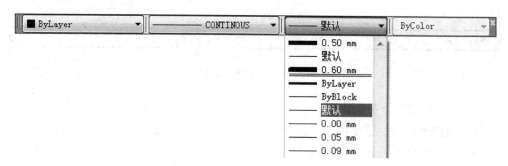

图 2－12　"线宽控制"下拉列表

2.1.3　图层管理

图层管理主要是针对不同图层的不同功能而区分设置的，通过对不同图层的"开""关""冻结""解冻""锁定""解锁"等设置和对颜色、线型、线宽等各种特性的管理，在绘制图时能使每个图层发挥最佳的效果和功能。

1. 图层的特性修改

用户在使用图层绘制图形时，通过"图层特性管理器"，不仅可以创建图层，设置图层的颜色、线型、线宽，还可以对图形进行更多的设置与管理，例如图层的管理、切换、转换等。

当用户使用图层绘制图形时，系统将各种特性默认为随层，由当前的默认设置决定。用户也可以根据绘图需要单独设置对象的特性，新设置的特性将覆盖原来的特性。

单击工具栏中 ![按钮] 按钮会弹出如图 2－13 所示对话框，每个图层都包括名称、打开/关闭、冻结/解冻、锁定/解锁、线型、颜色、线宽及打印样式等特性。其中：

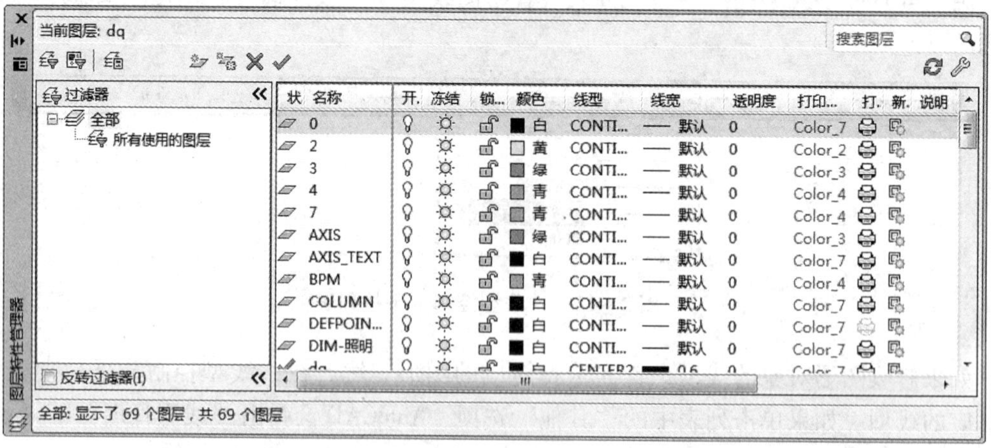

图 2－13　"图层特性管理器"对话框

1）名称：在默认的情况下，图层的名字为图层 0，依次往下递增为图层 1、图层 2 等，用户也可以根据自己的需要给图层重新命名。

2）打开与关闭：在"图层特性管理器"对话框中，用 💡 来表示图层的开与关。在默认的情况下，图层是开的，💡 显示的是黄色，此时的图层可以使用，也可以打印输出。单击时，图层将会关闭，不能使用，![icon]显示灰色，此时不能打印输出。

3）冻结与解冻：在"图层特性管理器"对话框中，打开图层时，系统默认为解冻。被解冻的图层将显示 ![icon] 图标，此时的图层可以显示，也可以打印输入，还可以在该图层上修改图形对象。如果图层被冻结，此时显示 ![icon] 图标，该图形上的对象不能被显示出来，不能打印输出，也不能编辑或者修改该图层上的图形对象。

4）锁定与解锁：在"图层特性管理器"对话框中，单击"锁定"显示 ![icon] 图标或者"打开"显示 ![icon]，可以锁定或者解锁图层。打开图层时，系统默认是打开状态。左键单击 ![icon] 图标，可以打开或者关闭图层，锁定状态并不影响该图层上图形的显示。当图形关闭时，还可以在图层上绘制新的图形，但是不能用编辑命令来修改，必须在打开的状态下，才能对其进行修改。用户还可以在锁定的图层上使用"查询"命令和对象捕捉功能。

5）线型、颜色及线宽：在"图层特性管理器"对话框中，单击 Continuous，打开"选择线型"对话框，可以进行线型的设置；单击"颜色"列对应的小方图标，可以打开"选择颜色"对话框来选择颜色；单击"线宽"列显示的线宽值，可以打开"线宽"对话框来选择线宽。

6）打印样式与打印：在"图层特性管理器"对话框中，用户可以通过"打印样式"列来确定图层的打印样式。如果图层使用的是彩色，则不能改变这些打印样式。单击"打印"相对应的选项，可以设置这些图层是否被打印。使用彩色绘制的图形，在打印时显示不出颜色。打印功能只对可见图层，以及没有冻结、没有锁定和没有关闭的图层起作用。

2. 切换当前层

在"图层特性管理器"对话框中，用户可以根据需要来切换当前层。单击要切换的图层名并置为当前层，用户可以在该图层上绘制图形。

在绘制图形时，为了方便可以在"图层"工具栏中的图层控制的下拉图框中，选择所需要的图层，单击该图层即可设置为当前图层。

3. 保存与恢复图层状态

在恢复图层状态时，除了每个图层的冻结和解冻设置外，其他设置仍保持当前设置。在 AutoCAD 中，用户可以使用改进后的"图层状态管理器"对话框来管理所有图层的状态。

（1）保存图层状态。

单击"图层特性管理器"对话框中的 ![icon] 按钮，打开如图 2 - 14 所示对话框。单击"新建"按钮会弹出如图 2 - 15 所示对话框。在"新图层状态名"文本框中输入新的名称，在"说明"文本框中输入相应的图层说明，然后单击"确定"按钮，返回"图层状态管理器"对话框，在"图层状态管理器"对话框中设置恢复选项，再单击"关闭"按钮即可。

（2）恢复图层状态。

在"图层特性管理器"对话框中，若改变了图层的显示状态，还可以恢复以前保存的图层状态。单击该对话框中的 ![icon] 按钮，打开"图层状态管理器"对话框，选择要恢复的图层设置，单击"恢复"按钮即可。

图 2-14　"图层状态管理器"对话框　　　　**图 2-15　"要保存的新图层状态"对话框**

4. 使用图层过滤器

在 AutoCAD 中绘制图形时，如果图形中包含大量的图层，在"图层特性管理器"对话框中单击"新建特性过滤器" 按钮，会弹出如图 2-16 所示对话框，在此对话框中来命名图层过滤器。

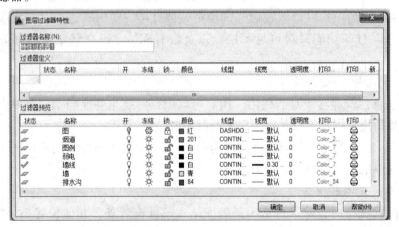

图 2-16　"图层过滤器特性"对话框

在"图层过滤器特性"对话框的"过滤器名称（N）"文本框中可以输入过滤器的名称，但过滤器名中不准输入"〈〉""^"";"":""?""＊""／""＝"等字符。在"过滤器定义"列表中，可以设置过滤条件，包括图层名称、状态、颜色等。当指定过滤器的图层名称时，输入"?"可用来代替任意一个字符。

第2节　绘图环境的设置

一般情况下，用户是在系统默认的环境下工作的，但有时为提高绘图效率，也需要设置绘图环境。绘图环境主要指绘图窗口的显示颜色、鼠标指针颜色和尺寸、默认保存文件的路径以及打开和保存图形文件的格式等。

2.2.1　设置系统参数

在 AutoCAD 界面上，选择【工具】→【选项】命令，或在命令行中输入 options 命令，弹出如图 2-17 所示对话框。其中包含"文件""显示""打开和保存"等 11 个选项卡。

图 2-17　"选项"对话框

AutoCAD 作为一个开放的绘图平台，用户可以非常方便地设置系统参数，例如，设置文件路径、用户系统配置、绘图界面中的各窗口元素等。

1. 设置文件路径

在"选项"对话框中，用户可使用"文件"选项卡设置 AutoCAD 支持文件搜索路径、驱动程序、菜单文件及其他相关文件的搜索路径和支持文件，"文件"选项卡如图 2-17 所示。

（1）设置搜索路径、文件名和文件位置。

AutoCAD 系统以树状形式列出了 AutoCAD 的支持路径和相关文件的位置与名称。如果选项旁边是"＋"号，表示该选项处于折叠状态，如果选项旁边是"－"号，表示该选项处于展开状态。

在"搜索路径、文件名和文件位置"列表框中多达十几种选项，它们的主要功能如下：

1）支持文件搜索路径：该选项用于设置搜索支持的文件，这些支持文件包括：文字字体文件、菜单文件、插入模块、待插入图形、线型文件和用于填充的图案文件等。

2）工作支持文件搜索路径：该选项用于设置 AutoCAD 搜索系统特有支持文件的活动文件夹。该选项下拉列表为只读，只显示"支持文件搜索路径"选项在当前目录结构和网络映射中存在的有效目录。

3）设备驱动文件搜索路径：该选项用于设置 AutoCAD 搜索定点设备（如鼠标、数字化仪）、打印机和绘图仪等设备的驱动程序文件夹。

4）工程文件搜索路径选项：该选项用于设置 AutoCAD 外部参照的文件夹。当前工程保存在 PROJECT NAME 系统变量设置图形中。

5）菜单、帮助和其他文件名称：该选项用于设置 AutoCAD 查找主菜单文件、帮助文件、默认 Internet 网址、配置文件和许可的服务器文件夹。

6）文本编辑器、词典和字体文件名称：该选项用于设置 AutoCAD 使用的文字编辑器、主词典、自定义词典、替换字体文件和字体映射文件所在的文件夹。

7）打印文件、后台打印文件和前导部分名称：该选项用于设置 AutoCAD 打印图形时使用的文件。

8）打印机支持文件路径：该选项用于设置打印机支持文件的搜索路径。

9）自动保存文件：该选项用于设置自动保存文件时保存的位置，包括驱动器和文件夹。

10）配色系统位置：该选项用于设置配色系统文件的驱动和路径。用户可以在"选择颜色"对话框中使用配色系统。

（2）使用功能浏览。

在"选项"对话框内的"文件"选项卡右侧还有"浏览""添加""删除""上移""下移"和"置为当前"6 个功能按钮，其功能如下：

1）"浏览"按钮：用于修改某一支持路径或支持文件。例如，在"搜索路径、文件名和文件位置"列表框中选择要修改的展开项，单击"浏览"按钮，如果修改的是路径，将弹出"浏览文件夹"对话框，如果修改的是文件，将弹出"选择文件"对话框。

2）"添加"按钮：可添加新路径或新文件。

3）"删除"按钮：可删除路径或文件。

4）"上移"或"下移"按钮：可将选中项目向上或向下移动位置，即调整 AutoCAD 对路径或文件的搜索顺序。

5）"置为当前"按钮：可把选中的项目置为当前项。

2. 设置显示性能

在"选项"对话框中，用户可使用"显示"选项卡设置绘图工作界面的显示格式、图形显示精度等显示性能方面的设置。如图 2 - 18 所示。

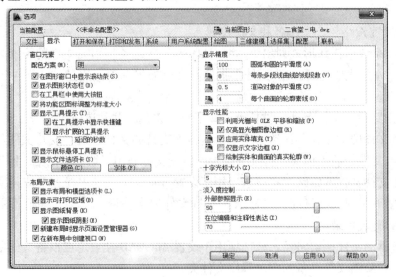

图 2 - 18　"显示"选项卡

（1）窗口元素。

在"窗口元素"区域，可设置 AutoCAD 绘图环境中基本元素的显示方式。根据绘图需要勾选相应功能的选项，如常用的功能选项："图形窗口中显示滚动条""显色图形状态栏""将功能区图标调整为标准大小""显示工具提示""显示鼠标悬停工具提示""显示文件选项卡"等。

1）"颜色"选项卡设置。

用户可以在"颜色"选项卡对话框中设置绘图区域的背景颜色等属性，单击"颜色"按钮会弹出如图 2－19 所示对话框。一般系统默认绘图窗口的背景为黑色，这时绘图窗口颜色如图 2－20（a）所示。在"颜色"下拉列表框里，系统设置多种颜色供用户选择。当选择白色背景时，绘图窗口颜色如图 2－20（b）所示。

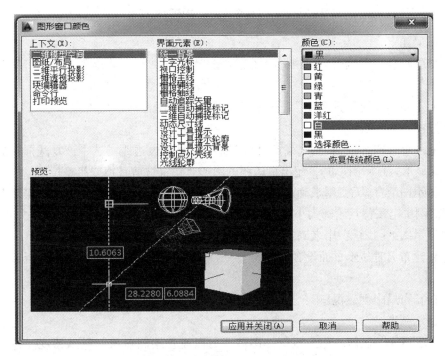

图 2－19　"图形窗口颜色"对话框

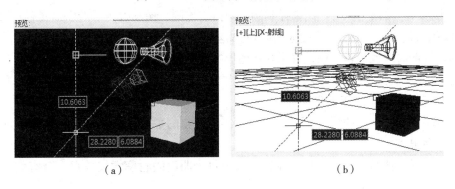

（a）　　　　　　　　　　　　　（b）

图 2－20　设置绘图窗口背景颜色

（a）黑色背景；（b）白色背景

2）"字体"选项卡设置。

该选项卡用于设置命令行窗口中的字体样式，如字体、字形和字号等。单击"字体"按钮，会弹出如图 2－21 所示对话框，可以根据绘图需要设置字体。

图 2－21　"命令行窗口字体"对话框

（2）布局元素。

在"布局元素"区域内，可根据绘图需要设置布局中各显示元素。其中，各选项的功能如下：

1）"显示布局和模型选项卡"：用来确定是否在绘图区域的底部显示"布局"和"模型"选项按钮。

2）"显示可打印区域"：用来确定是否在布局中显示页边距。选中该复选框，页边距将以虚线形式显示。打印图形时，超出页边距的图形对象将被剪裁掉或忽略掉。

3）"显示图纸背景"：用来确定是否在布局中显示表示图纸的背景轮廓。实际图纸的大小和打印比例决定该背景轮廓大小。

4）"显示图纸阴影"：用来确定是否在布局中的图纸背景轮廓外显示阴影。

5）"新建布局时显示页面设置管理器"：用来确定在设置新创建布局时是否显示页面设置管理器。

6）"在新布局中创建视口"：用来确定在设置创建新布局时是否创建视口。

（3）显示精度。

在"显示精度"区域，用户根据绘图需要可以设置绘制对象的显示精度。各选项的功能如下：

1）"圆弧和圆的平滑度"：用来控制圆、圆弧、椭圆、椭圆弧的平滑度，其有效取值范围是 1～20000，默认值为 1000。值越大表明对象越光滑，但 AutoCAD 重新生成、显示缩放、显示移动时需要的时间也越长。该设置保存在图形中，不同的图形平滑度可以不一样。

2）"每条多段线曲线的线段数"：用于设置每条多段线曲线的线段数，其有效取值范围为 －32768～32767，默认值为 8。

3）"渲染对象的平滑度"：用于设置渲染实体对象的平滑度，其有效取值范围为 0.01～10，默认值为 0.5。

4）"每个曲面轮廓索线"：用于设置对象上每个曲面的轮廓索线数目，其有效取值范围为 0～2047，默认值为 4。

（4）显示性能。

"显示性能"区域的不同设置将会影响 AutoCAD 性能的显示。其中，各选项的功能如下：

1）"利用光栅与 OLE 平移和缩放"：用来控制实时平移和缩放时光栅图像的显示。

2）"仅亮显光栅图像边框"：用来控制选择光栅图像时的显示形式。选中该复选框，当用户选择光栅图像时仅亮显光栅图像的边框，而看不到图像内容。

3）"应用实体填充"：用来控制是否填充带宽度的多段线、已填充的图案等对象，使用系统变量 FILL MODE 也可以实现此设置。

4）"仅显示文字边框"：用来控制是否仅显示标注文字边框。

5）"绘制实体线和曲面的真实轮廓"：用来控制三维实体轮廓曲线是否以线框形式显示。

（5）十字光标大小。

在"十字光标大小"区域，用户可以根据绘图习惯设置光标在绘图区内的十字线的长度。可以在左边的"十字光标大小"文本框直接输入长度值，也可以拖动右边的滑块来调整长度。

3. 设置文件打开与保存方式

在"选项"对话框中，用户可以单击"打开和保存"选项卡，根据绘图需要设置打开和保存图形文件时的相关操作，选项卡如图 2-22 所示。

（1）文件保存。

在"打开和保存"选项卡的"文件保存"区域，可设置与保存 AutoCAD 图形文件相关的项目。例如：用户可以确定使用 save 或 saves 命令保存图形文件时的文件版本格式，一般设置保存 AutoCAD 的低版本格式；设置是否在保存图形文件时，还同时保存 BMP 预览图像；设置图形文件中潜在剩余空间的百分比值等。

单击"缩略图预览设置"按钮，弹出图 2-23 所示对话框。选中"保存缩略图预览图像"复选框，可在"选择文件"对话框的"预览"区域中显示该图形的图像，使用系统变量 RASTER PREVIEW 也可以进行设置。选中"生成图纸、图纸视图和模型视图的略图"复选框，可以设置略图的性能和精度。

图 2-22　"打开和保存"选项卡

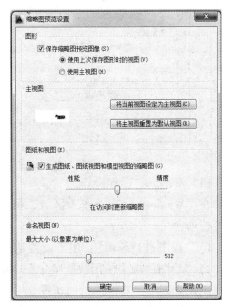

图 2-23　"缩略图预览设置"对话框

（2）文件安全措施。

在"文件安全措施"区域，用户可设置避免因意外事故导致绘图数据丢失的措施。例如，可以设置 AutoCAD"自动保存"保存时间间隔为 15 分钟。此外，还可以设置保存图形文件时是否创建图形备份，设置当在图形中加入一个对象时是否进行循环冗余检验，设置是否将文本窗口中的内容写入到日志文件中，以及设置临时文件的扩展名等。

（3）文件打开。

在"文件打开"区域，可以设置在"文件"下拉菜单底部列出最近打开过的图形文件数目，以及是否在 AutoCAD 窗口顶部标题后显示当前图形文件的完整路径。

（4）外部参照。

在"外部参照"区域，用户可以根据绘图需要控制与编辑和加载外部参照相关的设置。例如：可以确定是否按需加载外部参照文件、是否保留外部参照图层的修改以及是否允许其他用户参照编辑当前图形等。

4. 设置用户系统配置

在"用户系统配置"选项卡中可以通过设置优化 AutoCAD 的工作方式，如图 2 - 24 所示对话框。其中，该对话框中各选项卡参数可以根据绘图需要设置。

图 2 - 24 "用户系统配置"对话框

（1）Windows 标准操作。

在"Windows 标准操作"区域，可以设置使用 AutoCAD 绘图时是否采用 Windows 标准。其各选项含义：

1）"双击进行编辑"：用于设置是否采用双击鼠标左键进行编辑。

2）"绘图区域中使用快捷菜单"：用于设置正在绘图区域内单击鼠标右键时，AutoCAD 是弹出快捷菜单，还是执行回车操作。

3）"自定义右键单击"：单击该按钮会弹出如图 2 - 25 所示对话框。在此可以设置单击右键功能。

（2）插入比例。

在"插入比例"区域，可以设置使用设计中心或 i-drop 将对象拖入图形的默认比例。该区域的选项内容如下：

1）"源内容单位"：当未使用 INSUNITS 系统变量指定插入单位时，设置 AutoCAD 用于插入到当前图形中的对象的单位。

2）"目标图形单位"：当没有使用 IN-SUNITS 系统变量指定插入单位时，设置 AutoCAD 在当前图形中使用的单位。

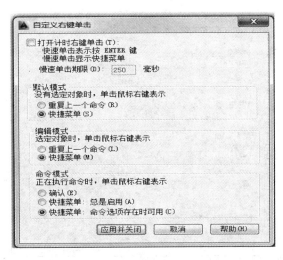

图 2 - 25　"自定义右键单击"对话框

（3）坐标数据输入的优先级。

在"坐标数据输入的优先级"区域，用户可以设置 AutoCAD 响应坐标数据的输入顺序，能够在"执行对象捕捉""键盘输入""除脚本例外的键盘输入"3 个选项中选择优先级排列。

（4）关联标注。

在"关联标注"区域，可以设置标注对象与图形对象是否关联。

（5）字段。

在"字段"区域，可以设置是否显示字段的背景。单击"字段更新设置"按钮，打开"字段更新设置"对话框，可从中设置自动更新字段的方式，如图 2 - 26 所示。

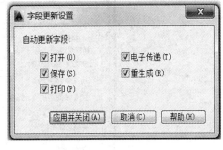

图 2 - 26　"字段更新设置"对话框

（6）块编辑器设置。

单击"块编辑器设置"按钮，会弹出如图 2 - 27 所示对话框。可对块所有参数根据绘图需要进行设置。

（7）线宽设置。

单击"线宽设置"按钮，打开"线宽设置"对话框，可设置线段宽度、显示比例等，如图 2 - 28 所示。

5. 草图设置

草图设置用于设置 7 种辅助绘图的相关参数，包括捕捉和栅格、极轴追踪、对象捕捉、动态输入、三维对象捕捉、快捷特性和选择循环。选择菜单【工具】→【绘图设置】命令，会弹出如图 2 - 29 所示的对话框。

（1）捕捉和栅格。

"捕捉和栅格"选项卡是用于设置捕捉参数和栅格参数的，如图 2 - 29 所示。

打开或关闭捕捉功能的方法有以下两种：

1）在状态栏上，单击"捕捉"按钮。当捕捉按钮凸起时说明捕捉功能关闭，当"捕捉"按钮凹陷时说明捕捉功能开启。

2）按 F9 快捷键。按 F9 键后，状态栏上的"捕捉"按钮会自动凸起或凹陷。

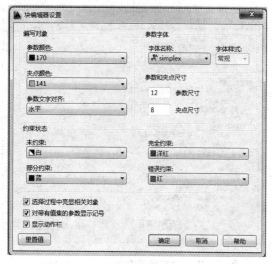

图 2－27　"块编辑器设置"对话框

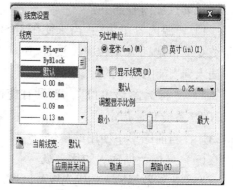

图 2－28　"线宽设置"对话框

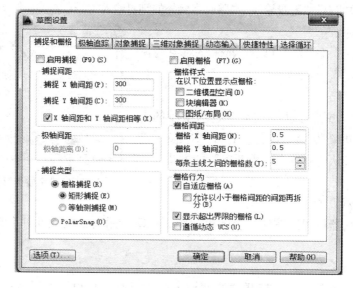

图 2－29　"草图设置"对话框

a. 捕捉间距：该选项区用于控制光标移动时，捕捉不可见的栅格，光标会在设定的 X、Y 间隔上等距移动。

b. 极轴间距：可以在该选项区设置极轴捕捉的增量距离。

c. 捕捉类型：用于设置捕捉样式和捕捉类型。

打开或关闭栅格功能的方法有以下两种：

1）在状态栏上，单击"栅格"按钮。当"栅格"按钮凸起时说明栅格功能关闭，当"栅格"按钮凹陷时说明栅格功能开启。

2）按 F7 快捷键。按 F7 键后，状态栏上的"栅格"按钮会自动凸起或凹陷。

a. 栅格间距：用于设置栅格相互间的距离。

b. 栅格行为：用于显示栅格的任何视觉样式时所表达的栅格线外观，但二维线框除外。

利用栅格捕捉，可以使光标在绘图窗口，按照指定的步距移动。就像在绘图屏幕上隐含分布着按指定行间距和列间距排列的栅格点，这些栅格点对光标有吸附作用，即能够捕捉光标，使光标只能落在由这些点确定的位置上，从而使光标只能按指定的步距移动。栅格显示是指在屏幕上显式分布一些按指定行间距和列间距排列的栅格点，就像在屏幕上铺了一张坐标纸一样。

（2）极轴追踪。

"极轴追踪"用于设置自动追踪的相关参数。当极轴模式开启时，系统会以极轴坐标的形式显示定位点，并且随着光标的移动指示当前的极轴坐标。

单击"极轴追踪"按钮，会弹出如图 2-30 所示对话框。打开或关闭极轴追踪的方法有以下两种：

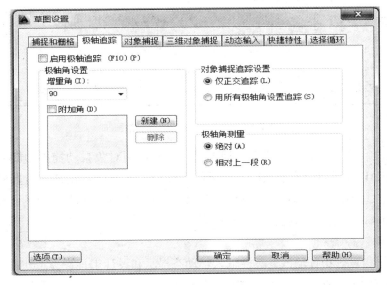

图 2-30　"极轴追踪"对话框

1）在状态栏上，单击"极轴"按钮。当"极轴"按钮凸起时说明极轴功能关闭，当极轴按钮凹陷时说明极轴功能开启。

2）按 F10 快捷键。按 F10 键后，状态栏上的"极轴"按钮会自动凸起或凹陷。

"极轴追踪"选项卡中的各个选项功能如下：

1）极轴角设置：用于设置极轴的对齐角度。

2）对象捕捉追踪设置：设置相关对象捕捉的追踪选项。

3）极轴角测量：用于设置测量极轴追踪对齐角度的基准。

（3）对象捕捉。

利用对象捕捉功能，在绘图过程中可以快速、准确地确定一些特殊点，如圆心、端点、中点、切点、交点和垂足等。

单击"对象捕捉"按钮，会弹出如图 2-31 所示对话框。"对象捕捉"选项卡根据绘图需要用于设置捕捉对象的形式，该对话框中各个选项功能如下：

1）启用对象捕捉：设置是否进行对象捕捉，可按"F3"键设置。

2）启用对象捕捉追踪：设置是否进行对象捕捉追踪，可按"F11"键设置。

3）对象捕捉模式：可以从该模式中选择对象捕捉的形式。

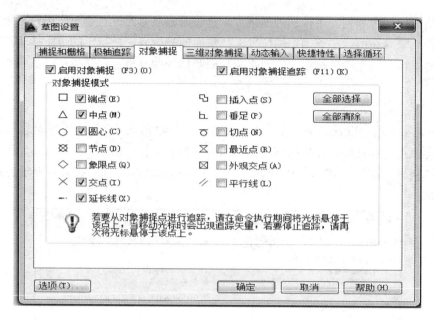

图 2-31 "对象捕捉"对话框

利用"对象捕捉"选项卡设置默认捕捉模式，并启用对象自动捕捉功能后，在绘图过程中每当 AutoCAD 提示用户确定点时，如果使光标位于对象上且在自动捕捉模式中设置的对应点的附近，AutoCAD 就会自动捕捉到这些点，并显示出捕捉到相应点的小标签，此时单击拾取键，AutoCAD 就会以该捕捉点为相应点。

（4）动态输入。

动态输入是指设置指针输入、标注输入、动态提示和设计工具栏提示外观等的操作。

单击"动态输入"按钮，会弹出如图 2-32 所示对话框。在该对话框中各选项卡中的选项功能如下：

1）启用指针输入：用来设置打开或关闭指针输入模式。

2）可能时启用标注输入：用来设置打开或关闭标注输入模式。

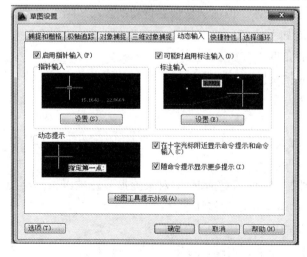

图 2-32 "动态输入"对话框

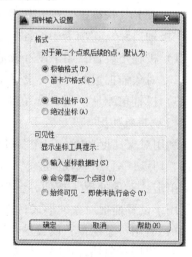

图 2-33 "指针输入设置"对话框

3）指针输入：在光标移动时，状态栏会出现相应十字光标位置的坐标值。在输入数值时，可以直接在工具栏提示中输入数值，而不用在命令窗口中输入。单击"设置"按钮，即可打开"指针输入设置"对话框，在该对话框中设置指针输入的相关参数，如图 2 – 33 所示。

4）标注输入：当在命令提示行中输入第二个点或距离时，就会显示标注、距离值与角度值的工具栏提示，标注工具栏中的值会随着光标的移动而改变。在输入数值时，直接在提示框中输入数值，而不用在命令窗口中输入。单击"设置"按钮，即可打开"标注输入的设置"对话框，在该对话框中可根据绘图需要设置标注输入的相关参数，如图 2 – 34 所示。

5）动态提示：可以按照光标旁边显示的提示进行操作来完成全部指令。

6）"绘图工具提示外观"：用于设置工具栏提示的外观，单击该按钮，会弹出如图 2 – 35 所示对话框。根据绘图需要设置参数。

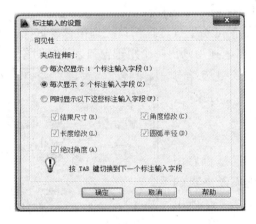

图 2 – 34　"标注输入的设置"对话框　　　　图 2 – 35　"工具提示外观"对话框

6. 设置选择模式

在"选项"对话框中，单击"选择集"按钮，会弹出如图 2 – 36 所示对话框。可在此对话框中设置选择集模式和夹点功能。

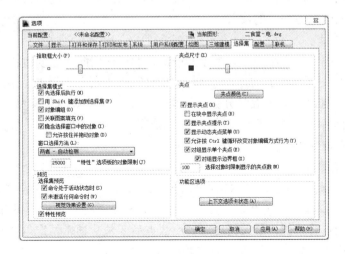

图 2 – 36　"选择集"对话框

（1）拾取框大小和夹点大小。

在"选择"选项卡中，可以在"拾取框大小"区域设置用默认拾取方式选择对象时拾取框的大小，在"夹点大小"区域可设置对象夹点标记的大小。

（2）选择模式。

在"选择"选项卡的"选择模式"区域，用户可设置构造选择集的模式。各选项的功能如下：

1）"先选择后执行"：可用来设置是否以先选择对象构造出一个选择集，然后再对该选择集进行编辑操作命令。

2）"用 Shift 键添加到选择集"：可设置如何向已有的选择集中添加对象。当选中该复选框时，如果要向已有的选择集中添加对象，则必须同时按下 Shift 键。

3）"窗口选择方法"：包含三种：两次单击，按住并拖动和两者 – 自动检测。其中"按住并拖动"操作时必须按住拾取键并拖动才可以生成一个选择窗口。

4）"隐含选择窗口中的对象"：用于设置是否自动生成选择窗口。选中该复选框，可以在命令行出现"选择对象"提示后，直接在绘图区拖动画出一个矩形窗口来选择对象。

5）"对象编组"：用于设置是否可以自动按组选择对象。选中该复选框，当选择某个对象组中的一个对象时，将会选中这个对象组中的所有对象。

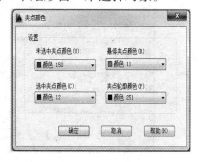

（3）夹点。

"选择"选项卡的"夹点"区域，可以设置是否启用夹点编辑功能、是否在块中启用夹点编辑功能以及夹点的颜色等。单击"夹点颜色"按钮，会弹出如图 2 – 37 所示对话框。

图 2 – 37　"夹点颜色"对话框

2.2.2　设置绘图单位、界限

在绘制图形前，一般要设置绘图单位。绘图单位的设置主要包括长度单位的设置和角度的类型、精度以及起始方向等的设置。

1. 设置长度单位

绘图前要先根据实际大小确定一个图形单位，然后根据此单位创建图形。

选择【格式】→【单位】命令，会弹出如图 2 – 38 所示对话框。在"长度"的"类型"下拉列表框中可以选择小数、分数、工程、建筑、科学等单位类型。在"精度"下拉列表框中可以选择精度类型，即小数的位置，系统默认小数点后 4 位，最大精度可到小数点后 8 位。通常情况取整数。

2. 设置角度单位

在"角度"区域的"类型"下拉列表框中可以选择"十进制度数""百分度""弧度""勘测单位""度/分/秒"等角度单位类型。在"精度"下拉列表框中可选择角度单位的精度。系统默认小数点后 4 位，最大精度可到小数点后 8 位。通常情况取整数。"顺时针"复选框用来指定角度的正方向，如果选中"顺时针"复选框，则以顺时针方向为正方向。在默认情况下以逆时针方向为正方向。

　　单击"方向"按钮，会弹出如图 2 - 39 所示对话框。在该对话框中可以设置角度的基准方向，如东、南、西、北，也可以选中"其他"单选按钮，再单击"选择角度"按钮，返回到绘制图形窗口中，然后可以通过选取两个点来确定基准角度的 0 方向点，并在文本框中直接输入零度方向与 X 轴正方向的夹角数值，单击"确定"按钮完成角度设置。

图 2 - 38　"图形单位"对话框

图 2 - 39　"方向控制"对话框

3. 设置绘图界限

　　为避免在绘图过程中所绘制的图形超出用户工作区域或图纸的边界，必须使用绘图界限。设置绘图界限的方法有两种：

　　1）菜单命令：选择【格式】→【绘图界限】命令。

　　2）命令行：输入 limits。

　　执行以上任何一种操作后，在命令文本窗口会出现提示信息框，如图 2 - 40 所示，请求输入左下角的坐标。如果直接按回车键，则默认左下角位置的坐标为（0，0）。接下来，系统将继续提示输入右上角位置，用户根据需要进行设置即可。

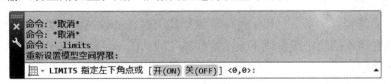

图 2 - 40　设置模型空间界限的命令提示

第 3 节　图　块

　　图块，在 AutoCAD 图形绘制中是一个重要的概念。在绘制图形时，如果图形中有大量相同或相似的内容，例如建筑电气照明平面图中照明灯具的图例，或者现在所绘制的图形与之前绘制完成的图形文件相同，则可以把要重复绘制的图形做成图块，在需要时插入它们。

也可以将已有的图形文件直接插入到当前图形中，从而提高绘图效率。此外，用户还可以根据绘图需要为图块创建属性，用来指定图块的名称、用途及设计者等信息。

2.3.1 图块

图块是一个或多个图形对象的集合，通常用于绘制复杂、重复的图形。一旦将一组对象组合成图块，就可以根据绘图需要将其插入到图中的任意指定位置，而且还可以根据需要按不同的比例和旋转角度插入正在绘制的图形中。

1. 图块的特点

在 AutoCAD 中进行图形文件绘制时，使用图块可以提高绘图速度、节省存储空间、方便图形修改，并且还能够添加属性。

（1）提高绘图速度。

用 AutoCAD 绘图时，常常要绘制一些重复出现的图形。将这些重复图形创建成图块，需要时可以直接用插入块的方法来完成绘图，这样可以避免大量的重复性工作，从而提高了绘图速度。

（2）节省存储空间。

AutoCAD 要保存图中每一个对象的相关信息，例如图形对象的类型、位置、图层、线型及颜色等，这些信息要占用存储空间。如果一张图中绘制了多个相同的图形，则图形文件的数据库中要保存多个同样的数据，会占据较大的磁盘空间。但如将该组相同图形对象定义成图块，数据库中只保存一次图块的定义数据。插入该图块时不再重复保存图块的数据，只保存图块名和插入参数，因此可以减小文件大小，从而节省了磁盘空间。对于复杂但需要多次绘制的图形就更为明显了。

（3）便于修改图形。

在施工图绘制过程中，修改图纸是经常的。例如，在建筑电气施工图设计中，消防图例符号中有些符号在新标准中会被做出修改。这时，只需要简单地将这些修改的图块进行再定义图块等操作，图中插入的所有该块就会被修改。

（4）可以添加属性。

有些图块还需要有文字信息用来进一步解释其用途。AutoCAD 能实现为图块创建文字属性，也能实现在插入的块中显示或不显示这些属性的功能，还能从图中提取这些信息并将它们传送到数据库中。

2. 图块的创建

创建图块可分为创建内部图块和创建外部图块。创建内部图块是指所创建的图块路径只在本图形文件里，图块只能在本图形文件中插入使用。创建外部图块是指将图块以单独的文件路径保存，作为单独的图形文件存储并编组到指定文件夹中。外部图块可以在任何一个图形文件中插入使用。

（1）创建内部图块。

创建内部图块的执行方式有以下三种：

1）菜单命令：选择【绘图】→【块】→【创建】命令。

2）工具栏：单击"绘图"工具栏中的 ⬚ 按钮。

3）命令行：在命令提示符后输入 block 命令。

执行上述任意一种方式，都会弹出如图 2 - 41 所示对话框，对话框中各选项的功能如下：

1）"名称"：是指用于输入块的名称，最多可输入 255 个字符。当列表中包括多个块时，还可以在下拉列表框中选择已存在的块。

2）"基点"选项区域：可设置块的插入基点位置。用户可以直接在 X、Y、Z 文本框中输入，也可以单击"拾取点"按钮，切换到绘图窗口中，并选择基点。为了作图方便，一般选图形中心点或图形的各个角点或其他有特征的位置为基点。该基点也是图形插入过程中进行旋转或调整比的基准点。

图 2 - 41　"块定义"对话框

3）"对象"选项区域：用于设置组成块的对象。包括以下按钮或选项：

"选择对象"按钮　：单击该按钮可以切换到绘图窗口，选择组成块的各图形对象。

"快速选择"按钮　：单击该按钮可以使用弹出的"快速选择"对话框设置所选择图形对象的过滤条件。

"保留"按钮：用于确定创建块后是否删除绘图窗口上组成块的各图形对象。

"转换为块"按钮：用于确定创建块后是否将组成块的各图形对象保留，并把它们转换为块。

"删除"按钮：用于确定创建块后是否删除绘图窗口上组成块的原图形对象。

4）"说明"文本框：用于输入当前块的说明部分。

5）"超链接"按钮：单击该按钮，可打开"插入超链接"对话框，在该对话框中可以插入超链接文档，如图 2 - 42 所示。

例 2 - 1　将如图 2 - 43 所示的图形创建为块。具体操作步骤如下：

步骤 1：选择【绘图】→【块】→【创建】命令，弹出如图 2 - 41 所示对话框。在该对话框中的"名称"文本框中输入块的名称"餐桌"。

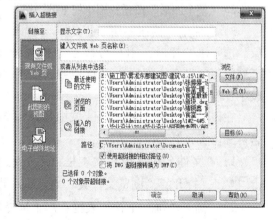

图 2 - 42　"插入超链接"对话框

步骤 2：在"基点"区域单击"拾取点"按钮，然后单击图形的中心点，确定基点位置，如图 2 - 44 所示。

步骤 3：在"对象"区域选中"保留"单选按钮，再单击"选择对象"按钮，切换到绘图窗口中，使用窗口选择方法选中所有图形，然后按鼠标右键返回"块定义"对话框。

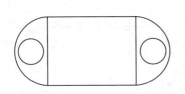

图 2-43　创建块原图形　　　　　　　图 2-44　块设置基点位置

步骤4：在"块单位"下拉列表中选择"毫米"选项，将单位设置为毫米。

步骤5：在"说明"文本框中输入对图块的说明"家具"。设置完后，单击"确定"按钮保存设置。

命令：_ block　指定插入基点：

选择对象：指定对角点：找到 5 个

选择对象：

（2）创建外部图块（写块）。

使用创建外部图块或写块命令，用户可以将图形对象、图形对象选择集或一个完整文件写入一个图形文件中，做成外部图块。该图块可以在任何图形文件中插入使用。

执行方式：在命令行输入 Wblock 命令，会弹出如图 2-45 所示对话框。

在该对话框中的"源"区域，可以设置组成块的对象来源，其各选项的功能如下：

1）"块"按钮：用于将使用 Wblock 命令创建的块写入磁盘，可在其后的下拉列表框中选择块名称。

2）"整个图形"按钮：用于将全部图形写入磁盘。

3）"对象"按钮：用于指定需要写入磁盘的块对象。选中该按钮时，用户可以根据需要使用"基点"区域中各项设置块的插入基点位置，使用"对象"区域中各项设置组成块的对象。

图 2-45　"写块"对话框

在该对话框的"目标"区域中可以设置块的保存名称和位置，各选项的功能如下：

1）"文件名和路径"文本框：用于输入块文件的名称和保存位置，用户也可以单击 ⎯⎯ 按钮，打开的"浏览文件夹"对话框，设置文件的保存路径、位置。

2）"插入单位"下拉列表框：用于选择从 AutoCAD 设计中心拖动块时的缩放单位。

例 2-2　将如图 2-46 所示的图形写块。具体操作步骤如下：

步骤1：在命令行提示下输入命令 Wblock，打开"写块"对话框，如图 2-45 所示。

步骤2：在对话框的"源"区域点选"对象"单选按钮。

步骤3：在"目标"区域的"文件名和路径"文本框中，单击 ⎯⎯，弹出"浏览图形文件"对话框，在此对话框"保存于"下拉菜单选择"D 盘"，在"D 盘"下选择"块"文件夹，在"文件名"中输入"双管荧光灯"，单击"保存"重新回到"写块"对话框。

步骤4：单击"拾取点"按钮，然后单击图形中心点确定基点位置。

步骤 5：在"对象"区域点选"保留"单选按钮，再单击"选择对象"按钮，切换到绘图窗口中，使用窗口选择方法选中原图形的所有图形，然后按鼠标右键返回"写块"对话框。

步骤 6：在"插入单位"下拉列表中选择"毫米"选项，将单位设置为毫米。单击"确定"按钮，完成写块。

> 命令：Wblock
> 命令：Wblock
> 指定插入基点：
> 选择对象：指定对角点：找到 11 个

3. 图块的插入

选择【插入】→【块】命令，会弹出如图 2 – 47 所示对话框。用户可以利用它在图形中插入块或其他图形，并且在插入块的同时还可以改变所插入块或图形的比例与旋转角度。该对话框中各选项的功能如下：

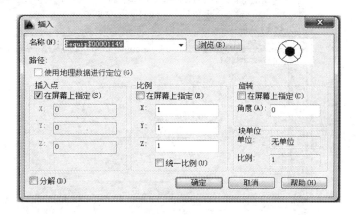

图 2 – 46　"写块"原图形　　　　　　　　**图 2 – 47　"插入"对话框**

1）"名称"下拉列表：用于选择块或图形的名称。用户可以单击其后面的"浏览"按钮，打开"选择图形文件"对话框，如图 2 – 48 所示，从中选择已保存的块和外部图形。

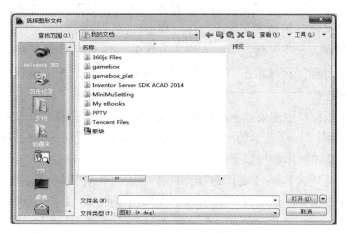

图 2 – 48　"选择图形文件"对话框

2）"插入点"选项区域：用于设置块的插入点位置。用户可以直接在 X、Y、Z 文本框中输入插入点的坐标，也可以通过选中"在屏幕上指定"复选框，在屏幕上指定插入点的位置。

3）"比例"选项区域：用于设置块的插入比例。用户可以直接在 X、Y、Z 文本框中输入块的 3 个方向的比例，也可以通过选中"在屏幕上指定"复选框，在屏幕上指定。此外，该区域的"统一比例"复选框用于确定所插入块在 X、Y、Z 方向的插入比例是否相同。选中时表示比例将相同，用户只需要在 X 文本框中输入比例值即可。

4）"旋转"选项区域：用于设置块的插入时的旋转角度。用户可以直接在"角度"文本框中输入角度值，也可以选中"在屏幕上指定"复选框，在屏幕上指定旋转角度。

5）分解"复选框：选中该复选框，可以将插入的块分解成各个基本图形对象。

例 2-3　在如图 2-49 所示的图中插入实例 2-1 定义的块，并设置缩放比例为 80%。具体操作步骤如下：

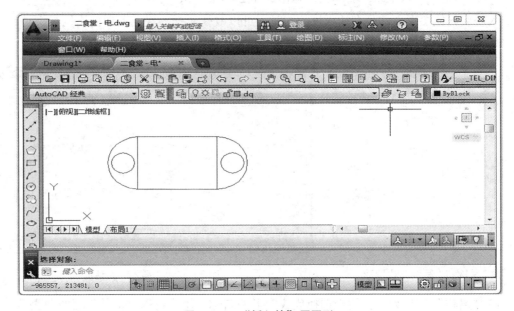

图 2-49　"插入块"原图形

步骤 1：选择【插入】→【块】命令，打开"插入"对话框，如图 2-47 所示。

步骤 2：在"名称"下拉列表框中选择"餐桌"。

步骤 3：在"插入点"区域选中"在屏幕上指定"复选框。

步骤 4：在"比例"区域单击"统一比例"复选框，并在 X 文本框中输入"0.8"，然后单击"确定"按钮。

步骤 5：在绘图窗口中需要插入块的位置单击鼠标左键，效果如图 2-50 所示。

例 2-4　在如图 2-49 所示的图中插入实例 2-2 定义的块，并设置缩放比例为 60%。与原块成 90°角，具体操作步骤如下：

步骤 1：选择【插入】→【块】命令，打开"插入"对话框，如图 2-47 所示。单击"浏览"按钮，在"选择图形文件"对话框中选择创建的块"D：\ 块 \ 双管荧光灯"，并单击"打开"按钮。

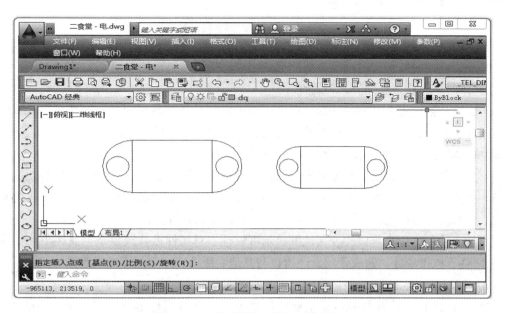

图 2 - 50　"插入块"后图形示例（一）

步骤 2：在"插入"对话框的"插入点"区域选中"在屏幕上指定"复选框；在"比例"区域单击"统一比例"复选框，并在 X 文本框中输入"0.6"；"旋转"区域内"角度"输入"90"，然后单击"确定"按钮。

步骤 3：在如图 2 - 49 所示的文件中单击鼠标左键即可插入块，效果如图 2 - 51 所示。

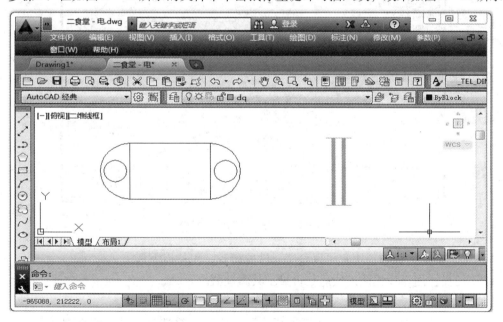

图 2 - 51　"插入块"后图形示例（二）

4. 图块的属性

在 AutoCAD 中，用户可以在图形绘制完成后，使用 ATTEXT 命令将块属性数据从图形中提取出来，并将这些数据写入到一个文件中，这样就可以从图形数据库文件中获得该块的数据信息。

（1）块属性的特点。

1）块属性由属性标记名和属性值两部分组成。例如，可以把"名称"定义为属性标记名，而具体的名称就是属性值，即属性。

2）定义块前应先定义该块的每个属性，即规定每个属性的标记名、属性提示、属性默认值、属性的显示格式（可见的或不可见的）及属性在图中的位置等。一旦定义了属性，该属性将以其标记名在图中显示出来，并保存有关信息。

3）定义块时，应将图形对象和表示属性定义的属性标记名一起用来定义块的对象。

4）插入有属性的块时，系统将会提示用户输入需要的属性值。插入块后，属性用它的值表示。因此，同一个块在不同点插入时，可以有不同的属性值。

5）插入块后，用户可以改变属性的显示可见性、对属性做修改以及把属性单独提取出来写入文件，以供统计、制表使用，还可以与其他高级语言或数据库进行数据通信。

（2）创建带属性的块。

选择【绘图】→【块】→【定义属性】命令，打开"属性定义"对话框，如图 2-52 所示，利用该对话框可以创建块属性。

图 2-52 "属性定义"对话框

1）在"模式"区域，用户可以设置属性的模式，包括以下选项：

a. 不可见：用于设置插入块后是否显示其属性值。

b. 固定：用于设置属性是否为固定值。

c. 验证：用于设置是否对属性值进行验证。选择该复选框，系统将会显示一次提示，让用户验证所输入的属性值是否正确，否则不要求用户验证。

d. 预设：用于确定是否将属性值直接预设成它的默认值。

2）在"属性"区域，可以定义块的属性，包括以下选项：

a. "标记"文本框：用于确定属性的标记（用户必须指定标记）。

b. "提示"文本框：用于确定插入块时 AutoCAD 提示用户输入属性值的提示信息。

c. "默认"文本框：用于设置属性的默认值，用户在各对应文本框中输入具体内容即可。

3）在"插入点"区域，可以设置属性值的插入点，即属性文字排列的参照点。用户可勾选"在屏幕上指定"，也可以直接在 X、Y、Z 文本框中输入插入点的坐标。

4）在"文字设置"区域，用户可以设置属性文字的格式，包括如下选项：

a. "对正"下拉列表：用于设置属性文字相对于参照点的排列形式。

b. "文字样式"下拉列表：用于设置属性文字的样式。

c. "文字高度"按钮：用于设置属性文字的高度。用户可以直接在对应的文本框中输入高度值，也可以单击该按钮后在绘图窗口中指定高度。

d. "旋转"按钮：用于设置属性文字行的旋转角度。

此外，在该对话框中如果勾选"在上一个属性定义下对齐"复选框，可以让当前属性采用上一个属性的文字样式、文字高度及旋转角度，且另起一行按上一个属性的对正方式排列。

设置了"属性定义"对话框中的各项内容后，单击"确定"按钮，系统将完成一次属性定义。用户可以用上述方法为块定义多个属性。

例 2－5　将如图 2－53 所示的原图形定义为块，块名为"双管荧光灯 s"，并且块中包括 3 个属性，如表 2－1 所示。

表 2－1　块的属性信息

属性标记	属性提示	属性默认值	模式
Name	无	Lamp	Constant
Date	插入日期	2015.4.1	无
Architect	设计者姓名	Yao	Preset

具体操作步骤如下：

步骤 1：选择【绘图】→【块】→【定义属性】命令，打开"属性定义"对话框。

步骤 2：在"模式"区域选中"固定"复选框，在"属性"区域的"标记"文本框中输入"Name"，在"默认"文本框中输入"Lamp"。

步骤 3：在"插入点"区域选中"在屏幕上指定"复选框。

步骤 4：在"文字选项"区域的"对正"下拉列表框中选择"左对齐"选项，在"高度"按钮后面的文本框中输入"150"，"文字样式"选择"宋体"。其他选项采用默认设置。

步骤 5：单击"确定"按钮，拖动鼠标，在图形的左面单击，完成第一个属性的定义，同时在图中的定义位置将会显示出该属性的标记，如图 2－54 所示。

步骤 6：重复以上步骤，并参照表 2－1 中的属性信息，创建标记 Date 和 Architect，结果如图 2－55 所示。

步骤 7：在命令行中输入命令 Wblock，打开"写块"对话框，在"基点"区域单击

"拾取点" 按钮，然后在绘图窗口中单击图形中心点设为基点。

步骤8：在"对象"区域选中"保留"单选按钮，并单击"选择对象"按钮，然后在绘图窗口中使用窗口选择所有图形。

步骤9：在"目标"区域的"文件名和路径"文本框中输入"D：\ 块 \ 双管荧光灯 s"，并在"插入单位"下拉列表框中选择"毫米"选项，然后单击"确定"按钮，完成写块。

在创建带有附加属性的块时，需要同时选择块属性作为块的成员对象。带有属性的块创建完成后，用户就可以使用"插入"对话框，在文档插入该块。

图 2 – 53 原图形　　图 2 – 54 显示 Name 属性的标记　　图 2 – 55 创建块属性标记

例 2 – 6　在原图形文件中插入例 2 – 5 中所创建的块。具体操作步骤如下：

步骤 1：选择【插入】→【块】命令，弹出"插入"对话框。单击"浏览"按钮，在"选择图形文件"对话框中选择创建的块"D：\ 块 \ 双管荧光灯 s"，并单击"打开"按钮。

步骤 2：在"插入点"区域选中"在屏幕上指定"复选框，然后单击"确定"按钮。

步骤 3：在绘图窗口中单击鼠标左键，以确定插入点的位置。完成插入块，如图 2 – 56 所示。

5. 编辑块属性

选择【修改】→【对象】→【属性】→【单个】命令，或单击"修改Ⅱ"工具栏上的 按钮，都可以编辑块对象的属性。在绘图窗口中选择需要编辑的块对象后，将弹出如图 2 – 57 所示对话框。在该对话框中可以编辑块的属性。

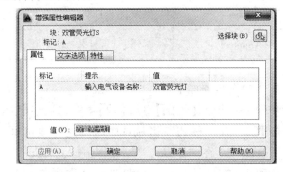

图 2 – 56 插入带属性的块　　　　图 2 – 57 "增强属性编辑器"对话框

1）"属性"选项卡的列表框显示了块中每个属性的标记、提示和默认值。在列表框中选择某一属性后，在"默认"文本框将显示出该属性对应的属性值，用户可以通过它来修改属性值。

2）"文字选项"选项卡用于修改属性文字的格式。用户可以在"文字样式"下拉列表框中设置文字的样式，在"对正"下拉列表框中设置文字的对齐方式，在"高度"文本框中设置文字的高度，在"旋转"文本框中设置文字的旋转角度，使用"反向"复选框来确定文字行是否反向来显示，使用"颠倒"复选框确定是否上下颠倒显示，在"宽度比例"

文本框中设置文字的高度系数，以及在"倾斜角度"文本框中设置文字的倾斜角度等。

3）"特性"选项卡用于修改属性文字的图层以及线宽、线型、颜色及打印样式等。

第 4 节　文　字

在 AutoCAD 中，文字对象是很重要的图形元素。在完整的图形文件中，一般都要包含一些文字注释，用于标注图形的相关信息。通过本节的学习，用户可以掌握创建文字样式的基本方法，并可以设置文字样式，以及创建单行文字和多行文字。

2.4.1　文字样式

文字样式是一组可随图形保存的文字设置的集合，在为图形添加文字标注之前，通常要先设置文字的样式。

在创建文字注释和尺寸标注时，AutoCAD 通常使用当前的文字样式。用户可以根据具体要求重新设置文字样式，或创建新的样式。文字样式包括"字体""字形""高度""宽度比例""倾斜角度""反向""颠倒"及"垂直"等。

1. 文字样式执行方式

文字样式命令的执行方式有以下三种：

1）菜单命令：选择【格式】→【文字样式】命令。

2）工具栏：单击"文字"工具栏中的"文字样式" ![A] 按钮。

3）命令行：输入"Style"。

执行以上任意一种操作，都会弹出如图 2-58 所示对话框。在"文字样式"对话框中，可以显示当前文字样式、字体、新建（N）、将已有的文字样式置为当前或删除文字样式等。各选项的含义如下：

图 2-58　"文字样式"对话框

1)"样式"拖拉列表框：列出了当前可以使用的文字样式，默认的文字样式为 Standard。

2)"新建"按钮：单击该按钮可打开"新建文字样式"对话框，如图 2 – 59 所示。在"样式名"文本框中输入新建文字样式名字后，单击"确定"按钮可以创建新的文字样式，新的文字样式将显示在"样式"拖拉列表框中。

图 2 – 59　"新建文字样式"对话框

3)"删除"按钮：单击该按钮删除某个已经存在的文字样式，但无法删除已经被使用的文字样式和默认的 Standard 样式。

2. 设置文字样式

在"文字样式"对话框中的"字体"区域，可以设置文字样式使用的字体和高度等属性。其中，在"字体名"和"字体样式"下拉列表框中可以选择字体，在"高度"文本框中可以设置文字的高度，在"宽度因子"文本框中可设置比例，在"倾斜角度"文本框中可设置角度。

如果将文字的高度设置为 0，在使用 Text 命令标注文字时，命令行将会提示"指定高度"信息，要求用户指定文字的高度。如果在"高度"文本框输入文字高度，AutoCAD 将按此高度标注文字，而不再提示"指定高度"。

3. 设置文字效果

在"文字样式"对话框中，使用"效果"区域的选项可以设置文字的显示效果，如图 2 – 60 所示，显示了"正常""颠倒""倾斜""宽度比例增大"等文字效果。

1)"颠倒"复选框：用于设置是否将文字倒过来书写。

2)"反向"复选框：用于设置是否将文字反向书写。

3)"垂直"复选框：用于设置是否将文字垂直书写，但垂直效果对汉字无效。

4)"宽度比例"文本框：用于设置文字字符的高度和宽度之比。当"宽度比例"小于 1时，将按系统定义的高宽比书写文字，字符会变窄；当"宽度比例"大于 1 时，字符则变宽。

5)"倾斜角度"文本框：用于设置文字的倾斜角度。角度为 0 时不倾斜，为正值时向右倾斜，为负值时向左倾斜。

建筑电气　事就申之　　建筑电气

图 2 – 60　文字的各种效果示例

4."文字"工具栏

在 AutoCAD 中，使用"文字"工具栏如 🅰🄰🅰 🄰 ✐ ✐ 🄰 📄 📄 📄 。可以创建和编辑文字，对于单行文字来说，它的每一行都是一个文字对象。因此，可以用来创建文字内容比较少的文字对象，并可以对它们进行单独编辑。

2.4.2　单行文字的创建与编辑

1. 创建单行文字

选择【绘图】→【文字】→【单行文字】命令，或"文字"工具栏中单击"单行文字"按钮 🄰 ，可以创建单行文字对象。执行该命令时，命令行中将会提示如下信息：

```
命令：_text
当前文字样式："宋体"　文字高度：400　注释性：　否　对正：　左
指定文字的起点或［对正(J)/样式(S)]：
```

（1）指定文字的起点。

在默认情况下，通过指定单行文字行基线的起点位置创建文字。如果当前的文字高度设置为0，命令行将会提示"指定高度"信息，要求指定文字的高度，否则不显示该提示信息，直接使用"文字样式"对话框中设置的文字高度。然后，命令行将会提示"指定文字的旋转角度〈0〉"信息，要求指定文字的旋转角度。文字的旋转角度是指文字行排列方向与水平线的夹角，其默认的角度为0。最后，输入文字即可。用户也可切换到 Windows 的中文输入方式，输入中文文字。

（2）设置对正方式。

在"指定文字的起点 或［对正(J)/样式(S)]："提示信息后输入"J"，可以设置文字的排列方式，此时命令行将会提示如下信息：

```
指定文字的起点或［对正(J)/样式(S)]：J
输入选项　［左(L)/居中(C)/右(R)/对齐(A)/中间(M)/布满(F)/左上(TL)/中上
(TC)/右上(TR)/左中(ML)/正中(MC)/右中(MR)/左下(BL)/中下(BC)/右下(BR)]：
```

这里需要注意的是，在输入文字的过程中，可以随时改变文字的位置。如果在输入文字的过程中想改变后面输入文字的位置，可先将光标移到新位置并按鼠标左键，原标注行结束，标注将会出现在新确定的位置，之后用户可以在此继续输入文字。但在标注文字时，无论采用哪种文字排列方式，输入文字时在屏幕上显示的文字都是按左对齐的方式排列，直到结束文字命令，才按指定的排列方式重新生成。

（3）设置当前文字样式。

在"指定文字的起点 或［对正(J)/样式(S)]："提示信息后输入"S"，可以设置当前使用的文字样式。选择该命令时，命令行将会显示如下信息：

```
输入样式名或［?］〈宋体〉：
```

用户可以直接输入文字的样式名，也可以输入"?"，在"AutoCAD 文本窗口"中显示当前图形已有的文字样式，如图2-61所示。

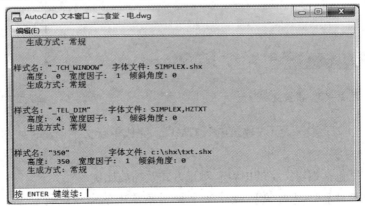

图 2-61　"AutoCAD 文本窗口"显示图形包含文字样式

例 2 - 7 创建一个单行文字样式的实例，具体操作步骤如下：

步骤 1：菜单命令：选择【格式】→【文字样式】命令，然后在"文字样式"对话框中设置文字样式参数，字体选新宋体，字高设 400，宽度因子为 1，倾斜角度为 0。如图 2 - 62 所示。

图 2 - 62 "文字样式"设置

步骤 2：选择菜单【绘图】→【文字】→【单行文字】命令。

> 命令：_ text
> 当前文字样式："宋体" 文字高度： 400 注释性： 否 对正： 左

步骤 3：在图中选择一个文字输入的起点，如图 2 - 63 所示。

> 指定文字的起点 或 [对正 (J) /样式 (S)]：J

步骤 4：设定输入文字的旋转角度，这里通常都直接默认选项，按 Enter 键即可。这时绘图区域就显示一个输入文字的框，如图 2 - 64 所示。

> 指定文字的旋转角度〈0〉：

图 2 - 63 设置文字起点　　　　　**图 2 - 64** 输入文字框

步骤 5：输入一行文字，如"建筑电气 CAD"，完成单行文字创建，如图 2 - 65 所示。

2. 编辑单行文字

编辑单行文字包括编辑文字的内容、对正方式及缩放比例。

可以通过【修改】→【对象】→【文字】子菜单中的命令进行设置。其子菜单命令如下：

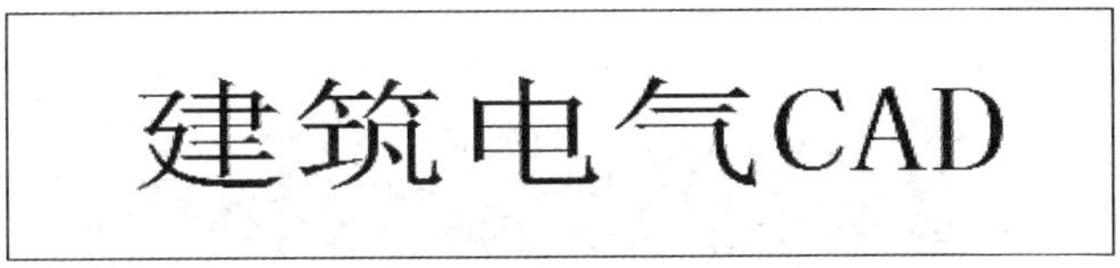

建筑电气CAD

图 2-65　输入文字

（1）【修改】→【对象】→【文字】→【编辑】命令。

选择该命令，在绘图窗口中单击需要编辑的单行文字。该单行文字变蓝色，则可以重新输入文本内容。命令行信息提示：

```
命令：_ ddedit
选择注释对象或　［放弃（U）］：
```

（2）【修改】→【对象】→【比例】命令。

选择该命令，在绘图窗口中单击需要编辑的单行文字，此时需要输入缩放的基点以及指定新的高度、匹配对象或缩放比例，命令行将会提示如下信息：

```
选择对象：
输入缩放的基点选项
［现有(E)/左对齐(L)/居中(C)/中间(M)/右对齐(R)/左上(TL)/中上(TC)/右上
(TR)/左中(ML)/正中(MC)/右中(MR)/左下(BL)/中下(BC)/右下(BR)]〈现有〉:L
指定新模型高度或　［图纸高度（P）/匹配对象（M）/比例因子（S）]〈400〉：　600
1 个对象已更改
```

（3）【修改】→【对象】→【对正】命令。

选择该命令，然后在绘图窗口中单击需要编辑的单行文字，此时可以重新设置文字的对正方式，其命令行将会提示如下信息：

```
选择对象：
输入对正选项
［左对齐(L)/对齐(A)/布满(F)/居中(C)/中间(M)/右对齐(R)/左上(TL)/中上
(TC)/右上(TR)/左中(ML)/正中(MC)/右中(MR)/左下(BL)/中下(BC)/右下(BR)]
〈左对齐〉：
```

例 2-8　编辑"例 2-7"新创建的单行文字，具体操作步骤如下：

步骤 1：选择菜单【修改】→【对象】→【文字】→【编辑】命令。这时，光标呈一个小窗口在屏幕上显示，如图 2-66 所示。

步骤 2：选择文字并单击，选中编辑的单行文字书写区域变颜色，如图 2-67 所示。

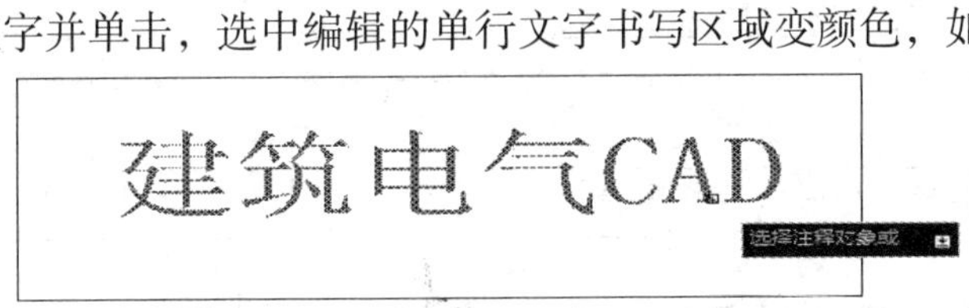

建筑电气CAD

选择注释对象或

图 2-66　光标选择窗口显示

建筑电气CAD

图 2-67　选择编辑单行文字

步骤 3：重新输入文字例如："建筑电气照明平面图"，按鼠标右键结束，如图 2-68 所示。

建筑电气照明平面图

图 2-68　编辑后的单行文字

2.4.3　多行文字的创建与编辑

"多行文字"又称作段落文字，是一种方便管理的文字对象，它可以由两行以上的文字组成，而且各行文字都作为一个整体处理。在建筑电气制图中，常常使用多行文字的功能来创建设计说明。

1. 创建多行文字

多行文字命令的执行方式有以下两种：

1）菜单命令：选择【修改】→【文字】→【多行文字】命令。

2）工具栏：单击"文字"工具栏中的"多行文字" **A** 按钮。

在执行以上任何一种命令方式后，在绘图窗口中指定一个用来放置多行文字的矩形区域，这时将会打开"文字格式"工具栏和文字输入窗口。利用它们可以设置多行文字的样式、字体及大小等属性，如图 2-69 所示。

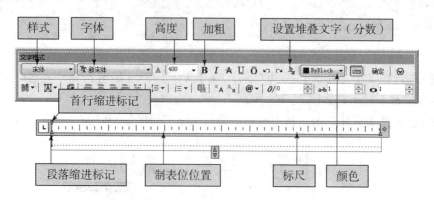

图 2-69　创建多行文字的"文字格式"工具栏和文字输入窗口

"文字格式"工具栏中各主要选项的功能如下：

1) "文字样式"下拉列表框：用于选择用户设置的文字样式，当前样式保存在 TEXT STYLE 系统变量中。如果将新样式应用到现有的多行文字对象中，用于字体、高度和粗体或斜体属性的字符格式将被代替，堆叠、下划线和颜色属性将保留在应用新样式的字符当中。

2) "文字字体"下拉列表框：用于为新输入的文字指定字体或改变选定文字的字体。True Type 字体按字体族的名称列出，AutoCAD 的形（SHX）字体按字体所在文件的名称列出，自定义字体或第三方字体在编辑其中显示为 Autodesk 提供的代替字体。

3) "文字高度"下拉列表框：可用于按图形单位设置新文字的字符高度，或更改选定文字的高度。如果当前的文字样式没有高度，则文字高度为 TEXT SIZE 系统变量中存储的值。

4) "加粗""倾斜"和"下划线"按钮：单击这几个按钮，可以把新输入的文字或选定的文字设置为加粗、倾斜或加下划线效果。

5) "取消"按钮：单击该按钮可以取消前一次操作。

6) "重做"按钮：单击该按钮可以重复前一次取消的操作。

7) "堆叠/非堆叠"按钮：单击该按钮，可以创建堆叠文字（堆叠文字是一种垂直对齐的文字或分数）。在使用时，要分别输入它的分子和分母，其间使用"/""#"或"^"分隔，然后选择这一部分的文字，单击 ᵇₐ 按钮即可。

8) "颜色"下拉列表框：用于为新输入的文字指定颜色或修改选定文字的颜色。可以为文字指定与所在图层关联的颜色，或与所在块关联的颜色，也可以从颜色列表中选择一种颜色。

9) "确定"按钮：单击该按钮，可以关闭多行文字创建模式并保存用户的设置。

例 2 - 9　创建多行文字，具体操作步骤如下：

步骤 1： 选择菜单【绘图】→【文字】→【多行文字】命令。

```
命令：_ mtext
当前文字样式：　"宋体"　文字高度：　400　注释性：　否
```

步骤 2： 这时要在绘图区域中指定第一角点，如图 2 - 70 所示。

```
指定第一角点：
```

图 2 - 70　创建多行文字指定第一点

步骤 3： 然后要拉出一个书写多行文字的方框，如图 2 - 71 所示。

```
指定对角点或　　[高度(H)/对正(J)/行距(L)/旋转(R)/样式(S)/宽度(W)/栏(C)]：
```

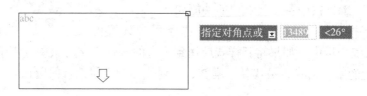

图 2 - 71　创建多行文字拖拉方框

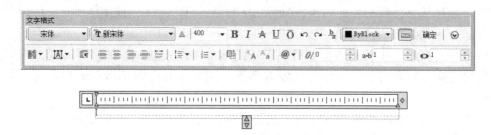

图 2 - 72　创建多行文字书写区域与"文字格式"工具栏

　　步骤 4： 拉出方框后，整个绘图区域放大为多行文字的书写区域，并显示"文字格式"工具栏，以方便文字的编辑与书写，如图 2 - 72 创建多行文字书写区域与"文字格式"工具栏所示。

　　步骤 5： 可以书写多行文字，如介绍建筑电气施工图的一段文字，如图 2 - 73 所示。

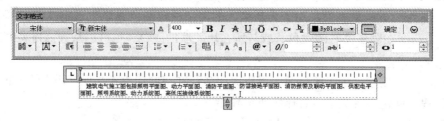

图 2 - 73　书写区域内书写多行文字

　　步骤 6： 书写完毕后，单击"文字格式"工具栏上的"确定"按钮，结束当前的多行文字操作，回到书写前的状态。如图 2 - 74 所示。

> 　建筑电气施工图包括照明平面图、动力平面图、消防平面图、防雷接地平面图、消防报警及联动平面图、供配电平面图，照明系统图、动力系统图、高低压接线系统图。。。。。

图 2 - 74　书写后的多行文字

　　2. 编辑多行文字

　　根据绘图需要，如果需要对要创建的多行文字进行修改，可以采用编辑多行文字命令。执行方式可选择【修改】→【对象】→【文字】→【编辑】命令，并单击创建的多行文字，打开多行文字的编辑窗口，然后参照多行文字的设置方法，修改并编辑文字。

　　用户也可以在绘图窗口中双击输入的多行文字，或在输入的多行文字上单击鼠标右键，在弹出的快捷菜单中选择"重复编辑多行文字"或"编辑多行文字"命令，打开多行文字编辑窗口。

例 2 –10　对例 2 –9 创建的多行文字进行编辑，其具体操作步骤如下：

步骤 1：双击需要编辑的多行文字，文字呈编辑状态，如图 2 –75 所示。

文字格式
宋体
新宋体
400
ByBlock
确定
建筑电气施工图包括照明平面图、动力平面图、消防平面图、防雷接地平面图、消防报警及联动平面图、供配电平面图，照明系统图、动力系统图、高低压接线系统图。。。。。

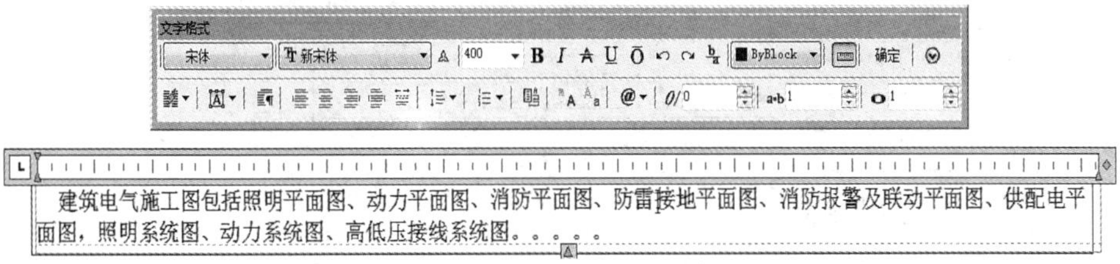

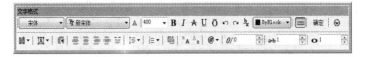

图 2 –75　双击多行文字的编辑状态

步骤 2：增加部分文字，如图 2 –76 所示。

文字格式
宋体
新宋体
400
ByBlock
确定
建筑电气施工图包括照明平面图、动力平面图、消防平面图、防雷接地平面图、消防报警及联动平面图、供配电平面图，照明系统图、动力系统图、高低压接线系统图、综合布线平面图、监控平面图、防盗对讲平面图等。

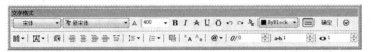

图 2 –76　增加部分文字示例

步骤 3：完成增加部分文字后，单击编辑框外或者单击“文字格式”工具栏中的“确定”按钮关闭编辑状态，完成编辑，如图 2 –77 所示。

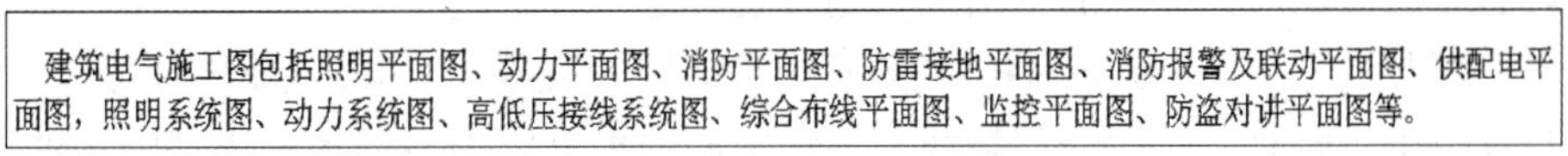
建筑电气施工图包括照明平面图、动力平面图、消防平面图、防雷接地平面图、消防报警及联动平面图、供配电平面图，照明系统图、动力系统图、高低压接线系统图、综合布线平面图、监控平面图、防盗对讲平面图等。

图 2 –77　编辑后的多行文字示例

第 5 节　尺 寸 标 注

尺寸标注是指在工程制图中根据绘图需要，给一些图形线段标出具体数值。在对图形进行尺寸标注前，首先了解一下尺寸标注的组成、类型、规则及步骤等相关知识。

2. 5. 1　尺寸标注的组成和类型

1. 尺寸标注的组成

一般在工程制图或机械制图中，一个完整的尺寸标注主要由尺寸线、标注文字、尺寸界线、尺寸线的终端符号或箭头等组成，如图 2 –78 所示。

1）标注文字：用于标注图形的实际测量值。标注文字根据需要可只标注基本尺寸，也可以带尺寸公差。标注文字应按标准字体来书写，在同一张图纸上的字高是一致的，在图中遇到图线时，应将图纸断开。如果图纸的断开影响图纸的表达，需调整尺寸标注的位置。

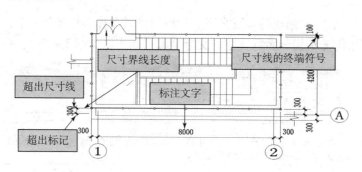

图 2-78 标注尺寸的组成

2）尺寸线：用于表明标注的范围。尺寸线的终端通常带有箭头（建筑图一般用建筑标记），用来表示尺寸线的端点。标注文字沿尺寸线放置，尺寸线被分割成两条直线。通常情况下，AutoCAD 都将尺寸线放置在测量区域中。如果空间不足，AutoCAD 将会把尺寸线或标注文字移到测量区域的外部，具体情况取决于标注样式的设置规则。对于角度标注而言，尺寸线是一条弧线，尺寸线应使用细实线来绘制。

3）尺寸线的终端符号及箭头：箭头显示在尺寸线的终端，用于指出测量的开始和结束位置。AutoCAD 一般默认闭合带填充的箭头符号。此外，AutoCAD 还提供了多种箭头符号，以满足不同行业的需要，例如建筑标记、小斜线标记、点和斜杠等。

4）起点：尺寸标注的起点是尺寸标注对象标注的定义点，系统测量的数据均以起点为计算点。起点通常是尺寸界线的引出点，通常也称超出标记。

5）尺寸界线：从标注起点引出的表示标注范围的直线，可以从图形的轮廓线、轴线、对称中心线引出。同时，轮廓线、轴线及对称中心线也可以作为尺寸界线。尺寸界线应该使用细实线来绘制，用尺寸标注样式可以设定固定长度。

2. 尺寸标注的类型

AutoCAD 提供了多种类型的标注工具命令，如图 2-79 所示。使用【标注】菜单和"标

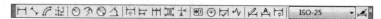

图 2-79 【标注】菜单和"标注"工具栏

注"工具栏均能进行线性、对齐、半径、直径、角度、基线、连续、公差及圆心等标注。其各主要标注类型含义如下：

1）线性标注：测量两点间的直线距离，可以用来创建水平、垂直或旋转线性标注。

2）对齐标注：创建尺寸线平行于尺寸界线原点的线性标注，可以创建对象的真实长度测量值。

3）坐标标注：创建坐标点标注，显示从给定原点测量出来的点的 X 或 Y 坐标。

4）半径标注：测量圆或圆弧的半径。

5）直径标注：测量圆或圆弧的直径。

6）角度标注：测量角度。

7）快速标注：通过一次选择多个对象，创建标注阵列，例如基线、连续和坐标标注。

8）基线标注：从上一个或选定标注的基线做连续的线性、角度或坐标标注，都从相同原点测量尺寸。

9）连续标注：从上一个或选定标注的第 2 条尺寸界线做连续的线性、角度或坐标标注。

10）快速引线：创建注释和引线，标识文字和相关的对象。

11）公差标注：创建形位公差。

12）圆心标记：创建圆和圆弧的圆心标记或中心线。

2.5.2　尺寸标注样式的设置

尺寸标注样式用于控制标注的格式和外观，使用标注样式可以建立和强制执行绘图标准。在创建标注样式时，AutoCAD 默认当前的标注样式，直到将另一种样式设置为当前样式为止。AutoCAD 的默认标注样式为 Standard，该样式是根据美国国家标注协会的标注标准设计的。如果绘制新图采用了公制单位，那么默认的标注样式为 ISO – 25（国际标准化组织）。

标注样式命令执行方式是选择菜单【格式】→【标注样式】命令，会弹出如图 2 – 80 所示对话框。如果想创新标注样式，则单击"新建"按钮，会弹出如图 2 – 81 对话框。该对话框中各选项含义如下：

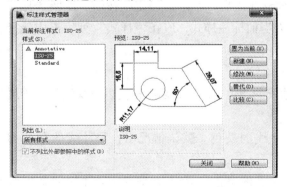

图 2 – 80　"标注样式管理器"对话框

图 2 – 81　"创建新标注样式"对话框

1）新样式名：设置新的标注样式名称。例如：DIM。

2）基础样式：在其下拉列表框中，选择用作新样式的起点的样式。如果没有创建样式，将以标准样式 ISO –25 为基础样式。

3）用于：在其下拉列表框中指出使用新样式的标注类型，默认设置为"所有标注"。也可以选择特定的标注类型，此时将创建基础样式的子样式。

设置完成后，单击"继续"按钮，弹出如图 2 –82 所示对话框。

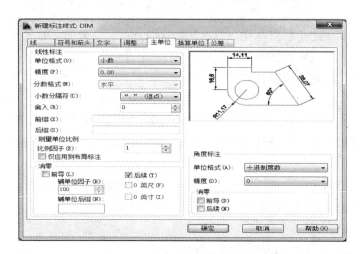

图 2 –82　"新建标注样式"对话框

该对话框包括 7 个选项卡，是尺寸标注样式的重要组成部分，各选项含义如下：

1）线：用于设置尺寸线、尺寸界线的外观。

2）符号和箭头：用于设置箭头、圆心标记和中心线的外观。

3）文字：用于设置标注文字的外观、位置和对齐方式。

4）调整：用于设置 AutoCAD 放置尺寸线、尺寸界线和文字的选项，并定义全局标注比例。

5）主单位：用于设置线性和角度标注单位的格式和精度。

6）换算单位。

7）公差：用于设置尺寸公差的值和精度。

在该对话框的选项卡中根据绘图需要完成修改之后，单击"确定"按钮，返回"标注样式管理器"对话框。要使新建标注样式成为当前标注样式，应在"样式"列表框中选择该样式后，单击"设置为当前"按钮。

1. 线、符号和箭头设置

（1）"尺寸线"选项区域，可以设置尺寸线的颜色、线宽、超出标记以及基线间距等属性，各选项的功能如下：

1）"颜色"下拉列表框：用于设置尺寸线的颜色。默认情况下，尺寸线的颜色为随块。

2）"线宽"下拉列表框：用于设置尺寸线的宽度。默认情况下，尺寸线的宽度为随块。

3）"超出标记"微调框：当尺寸线的箭头采用倾斜、建筑标记、小点或无标记等样式时，使用该文本框可以设置尺寸线超出尺寸界线的长度。超出标记如图 2 –83 所示。

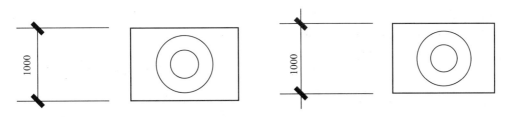

图 2-83　超出标记为 0 与不为 0 图例

4）"基线间距"微调框：进行基线尺寸标注时，可以设置各尺寸线之间的垂直距离。

5）"隐藏"选项区域：通过选择"尺寸线 1"或"尺寸线 2"复选框，可以隐藏第 1 段或第 2 段尺寸线及其相应的箭头。

（2）"尺寸界线"选项区域，可以设置尺寸界线的颜色、线宽、超出尺寸线、起点偏移量、隐藏控制和固定长度的尺寸界线等属性。各选项的功能如下：

1）"颜色"下拉列表框：用于设置尺寸线的颜色。

2）"线宽"下拉列表框：用于设置尺寸线的宽度。

3）"超出尺寸线"微调框：用于设置尺寸界线超出尺寸线的距离。超出尺寸线如图 2-84 所示。

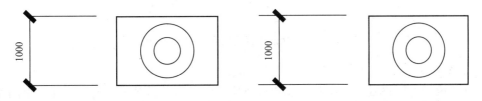

图 2-84　超出尺寸线为 0 与不为 0 图例

4）"起点偏移量"微调框：用于设置尺寸界线的起点与标注定义点的距离。

5）"隐藏"选项区域：通过选择"尺寸界线 1"或"尺寸界线 2"复选框，可以隐藏尺寸界线。

6）"固定长度的尺寸界线"选项区域：用于设置"尺寸界线"的长度。固定长度设置如图 2-85 所示。

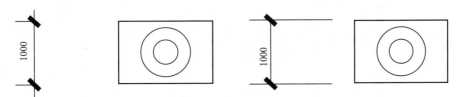

图 2-85　尺寸界线固定长度为 0 与不为 0 图例

（3）"箭头"选项区域，可以设置尺寸线和引线箭头的类型及尺寸大小等。在一般情况下，尺寸线的两个箭头应一致。

为了适用于不同类型的图形标注需要，AutoCAD 设置了 20 多种箭头样式。用户可以从对应的下拉列表框中选择箭头，并在"箭头大小"微调框中设置它们的大小。根据绘图需要也可以自定义箭头，此时在下拉列表框中选择"用户箭头"选项，会弹出如图 2-86 所示对话框。在"从图形块中选择"文本框内输入当前图形中已有的块名，然后单击"确定"按钮，AutoCAD 将以该块作为尺寸线的箭头样式。此时块的插入基点与尺寸线的端点重合。

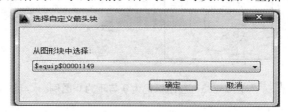

图 2－86　"选择自定义箭头块"对话框

（4）"圆心标记"选项区域，可以设置圆心标记的类型和大小，各选项的功能如下：

1）"类型"下拉列表框：用于设置圆或圆弧的圆心标记的类型，如"无""标记"和"直线"。其中，选择"无"选项没有任何标记；选择"标记"选项，可对圆或圆弧绘制圆心标记；选择"直线"选项，可对圆或圆弧绘制中心线。如图 2－87 所示。

2）"大小"微调框：用于设置圆心标记的大小。

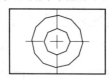 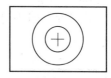

图 2－87　圆心标记"直线效果"和"标记效果"

2. 设置文字样式

打开"修改标注样式"对话框，用户可以使用"文字"选项卡，设置标注文字的外观、位置及对齐方式，如图 2－88 所示。

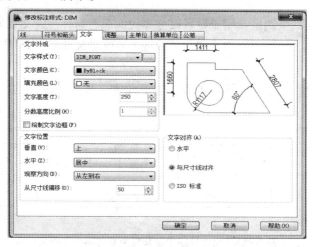

图 2－88　"文字"选项卡对话框

（1）在"文字外观"选项区域，可以设置文字的样式、颜色、高度、分数高度比例，以及控制是否绘制文字边框等，其各选项的功能如下：

1）"文字样式"下拉列表框：用于设置标注的文字样式。也可以单击后面的 ⋯ 按钮，打开"文字样式"对话框，从中选择文字样式或新建文字样式。

2）"文字颜色"下拉列表框：用于设置标注文字的颜色。

3）"文字高度"微调框：用于设置标注文字的高度。

4）"分数高度比例"微调框：用于设置标注文字中的分数相对于其他标注文字的比例，AutoCAD 将该比例值与标注文字高度的乘积作为分数的高度。

5）"绘制文字边框"复选框：用于设置是否给文字加边框。

（2）在"文字位置"选项区域，可以设置文字的垂直、水平位置及尺寸线偏移值，各选项的功能如下：

1）"垂直"下拉列表框：用于设置标注文字相对于尺寸线在垂直方向的位置，包括"居中""上方""外部"和"JIS"选项。"居中"可以把标注文字放在尺寸线的中间；"上方"可以把标注文字放在尺寸线的上方；"外部"可以把标注文字放在远离第一定义点的尺寸线的一侧；选择 JIS 选项，则按 JIS 规则放置标注文字。"垂直"文字效果如图 2 – 89 所示。

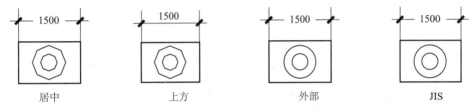

图 2 – 89　文字垂直设置图例

2）"水平"下拉列表框：用于设置标注文字相对于尺寸线和尺寸界线在水平方向的位置，包括"居中""第一条尺寸界线""第二条尺寸界线""第一条尺寸界线上方""第二条尺寸界线上方"选项。设置结果如图 2 – 90 所示。

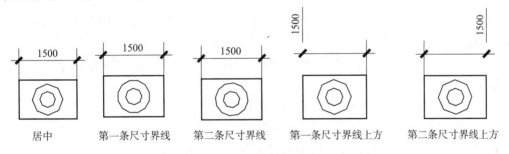

图 2 – 90　文字水平设置图例

3）"从尺寸线偏移"微调框：用于设置标注文字与尺寸线之间的距离。如果标注文字位于尺寸线中间，则表示断开处尺寸线端点与尺寸文字的间距；若标注文字带有边框，则可以控制文字边框与其中文字的距离。

（3）在"文字对齐"选项区域，可以设置标注文字是保持水平还是与尺寸线平行，如图 2 – 91 所示。其各选项的功能如下：

1）"水平"单选按钮：用于标注文字方向水平放置。

2）"与尺寸线对齐"单选按钮：用于标注文字方向与尺寸线方向一致。

3）"ISO 标准"单选按钮：用于标注文字将按 ISO 标准放置。当标注文字在尺寸界线之内时，它的方向与尺寸线的方向一致，而在尺寸界线之外时将水平放置。

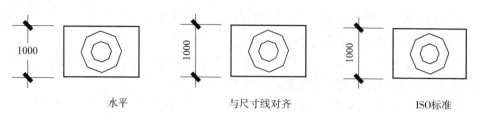

水平 与尺寸线对齐 ISO标准

图 2 – 91　文字对齐方式图例

3. 设置调整

打开"新建标注样式"对话框，用户可以在"调整"选项卡中设置标注文字、尺寸线、尺寸箭头的位置，如图 2 – 92 所示。

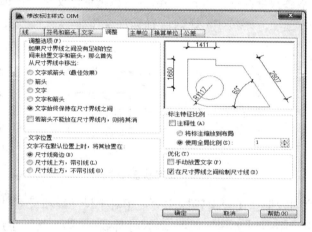

图 2 – 92　"调整"选项卡对话框

（1）在"调整选项"选项区域，可以设置当尺寸界线之间没有足够的空间同时放置标注文字和箭头时，从尺寸界线之间移出对象。各选项的功能如下：

1）"文字或箭头（最佳效果）"单选按钮：可用于由 AutoCAD 按最佳效果自动移出文本或箭头。

2）"箭头"单选按钮：可用于首先将箭头移出。

3）"文字"单选按钮：可用于首先将文字移出。

4）"文字和箭头"单选按钮：可用于将文字和箭头都移出。

5）"文字始终保持在尺寸界线之间"单选按钮：可用于将文字始终保持在尺寸界线内。

6）"若不能放在尺寸界线内，则消除箭头"复选框：可以控制箭头显示。

（2）在"文字位置"选项区域，可以设置当文字不在默认位置时的位置。各选项的功能如下：

1）"尺寸线旁边"单选按钮：可用于将文本放在尺寸线旁边。

2）"尺寸线上方，加引线"单选按钮：可用于将文本放在尺寸线的上方，并加引线。

3）"尺寸线上方，不加引线"单选按钮：可用于将文本放在尺寸线的上方，但不加引线。

（3）在"标注特征比例"选项区域，可以设置标注尺寸的特征比例，以便通过设置全局比例因子来增加或减少各标注的大小。各选项的功能如下：

1）"使用全局比例"单选按钮：选中该单选按钮，可用于对全部尺寸标注设置缩放比例，该比例不改变尺寸的测量值。

2）"按布局（图纸空间）缩放标注"单选按钮：可用于根据当前模型空间视口与图纸之间的缩放关系设置比例。

（4）在"调整"选项区域，可以对标注文本和尺寸线进行细微的调整。该选项包括以下两个复选框：

1）"标注时手动放置文字"复选框：可用于忽略标注文字的水平设置，在标注时可将标注文字放置在用户指定的位置。

2）"始终在尺寸界线之间绘制尺寸线"复选框：可用于当尺寸箭头放置在尺寸界线之外时，可以在尺寸界线之内绘制出尺寸线。

4. 设置主单位

在"新建标注样式"对话框中，用户可在"主单位"选项卡中设置主单位的格式与精度等属性，如图 2 - 93 所示。

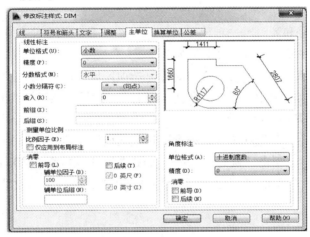

图 2 - 93　"主单位"选项卡对话框

（1）在"线性标注"选项区域，可以设置线性标注的主单位格式与精度。各主要选项功能如下：

1）"单位格式"下拉列表框：用于设置除角度标注外，其他类型的尺寸单位，包括"科学""小数""工程""建筑""分数"及"Windows 桌面"等选项。

2）"精度"下拉列表框：用于设置除角度标注外的其他标注尺寸的精度。

3）"分数格式"下拉列表框：当单位格式是分数时，可以设置分数格式，包括"水平""对角"和"非堆叠"三种方式。

4）"小数分隔符"下拉列表框：用于设置小数的分隔符，包括"逗号""句号"和"空格"三种方式。

5）"舍入"微调框：用于设置除角度标注外的尺寸测量值的舍入值。

6）"前缀"和"后缀"文本框：用于设置标注文字的前缀和后缀，用户可在相应的文本框中输入字。

（2）在"角度标注"选项区域，可在"单位格式"下拉列表框中，设置标注角度时的单位。在"精度"下拉列表框中，设置标注角度的尺寸精度。在"消零"选项区域中设置是否消除角度尺寸的前导和后继零。

例 2 – 11 创建建筑电气制图的标注样式 DIM；基线尺寸标注为 500，超出尺寸线的距离为 300，超出标记距离为 200，尺寸界线的起点偏移量为 1；箭头使用"建筑标记"形状，大小为 150；标注文字的高度为 250，位于尺寸线的上方，文字从尺寸线偏移距离为 50；标准单位的精度为 0。

步骤 1：选择【格式】→【标注样式】命令，打开"标注样式管理器对话框"。

步骤 2：单击"新建"按钮，打开"新建标注样式"对话框。在"新样式名"文本框中输入新建样式名的名称 DIM。

步骤 3：单击"继续"按钮，打开"新建标注样式：DIM"对话框。

步骤 4：在"线"选项卡的"尺寸线"选项区域，设置"基线间距"为 500。在"尺寸界线"选项区域，设置"超出尺寸线"距离为 300，"超出标记"距离为 200，设置"起点偏移量"距离为 1，"固定长度尺寸线界线"距离为 500。"尺寸线"颜色、线型、线宽均设为默认。

步骤 5：在"符号和箭头"选项区域的"第一个"和"第二个"下拉列表框中，选择"建筑标记"选项，并设置"箭头大小"为 150。

步骤 6：在"文字"选项卡的"文字高度"选项区域设置文字高度为 250，在"文字位置"选项区域设置"水平"为居中，"垂直"为上方，设置"从尺寸线偏移"为 50，"文字对齐"为与尺寸线对齐。

步骤 7：在"主单位"选项卡的"精度"选项区域设置精度为 0。

步骤 8：设置完后，单击"确定"按钮，关闭"新建标注样式：DIM"对话框。然后单击"关闭"按钮，把"DIM"置为当前，关闭"标注样式管理器"对话框。完成标注样式的设置。

2.5.3　常用尺寸标注

长度型尺寸标注通常用于标注图形中两点间的长度，这些点可以是端点、交点、圆弧弦线端点或用户能够识别的任意两点。下面将详细介绍 AutoCAD 中常用的长度型标注尺寸，如线性标注、对齐标注、基线标注及连续标注等。

1. 线性标注

选择【标注】→【线性】命令，或在"标注"工具栏中单击"线性标注" ⊢┤ 按钮，可创建用于标注二维平面内两点之间的距离测量值，并通过指定点或选择一个对象来实现。此时命令行会显示如下信息：

```
命令：_ dimlinear
指定第一个尺寸界线原点或〈选择对象〉：
```

（1）指定起点。

在默认情况下，在命令行提示下直接指定第一条尺寸界线的原点，并在"指定第二条尺寸界线原点"提示下指定了第二条尺寸界线原点后，命令行将会显示如下信息：

指定尺寸线位置或 [多行文字 (M) /文字 (T) /角度 (A) /水平 (H) /垂直 (V) /旋转 (R)]:

在默认的情况下，当用户指定了尺寸线的起点、终点位置后，鼠标向上或向下拖动，系统将按自动测量出的两个尺寸界线起始点间的测量距离标注出相应的尺寸。

（2）选择对象。

选择【标注】→【线性】命令，或在"标注"工具栏中单击"线性标注" 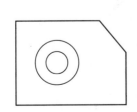 按钮，在命令行提示下直接按 Enter 键，系统要求用户选择要标注尺寸的对象。当选择了对象后，AutoCAD 将该对象的两个端点作为两条尺寸界线的起始点，命令行将会显示如下信息：

命令: _ dimlinear
指定第一个尺寸界线原点或〈选择对象〉:
选择标注对象:
指定尺寸线位置或 [多行文字(M)/文字(T)/角度(A)/水平(H)/垂直(V)/旋转(R)]:

注意：当两条尺寸线的起点没有位于同一水平线或同一垂直线时，可以通过拖动鼠标的方向来确定是创建水平标注还是垂直标注。使光标位于两尺寸界线的起始点之间，上下拖动鼠标可引出垂直尺寸线；使光标位于两尺寸界线的起始点之间，左右拖动鼠标则可引出水平尺寸线。

2. 对齐标注

选择【标注】→【对齐】命令，或在"标注"工具栏中单击"对齐标注" ✎ 按钮，可以对图形对象进行"对齐"标注，并在命令行会出现提示信息：

命令: _ dimaligned
指定第一个尺寸界线原点或〈选择对象〉:

对齐标注是线性标注的一种特殊形式。在对直线段进行标注时，如果该直线与水平线的夹角未知，则使用线性标注方法无法得到准确的测量结果，这时可以使用对齐标注。

例 2 - 12　利用例 2 - 11 创建的标注样式 DIM，用线性标注和对齐标注把如图 2 - 94 所示的图形进行标注。

步骤 1：在状态栏中单击"对象捕捉"按钮，打开对象捕捉模式。

步骤 2：选择【标注】→【线性标注】命令，或在"标注"工具栏中单击"线性标注" 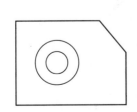 按钮，创建的线性标注如图 2 - 95 所示。

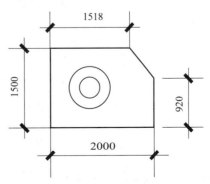

图 2 - 94　线性、对齐标注原图形　　　　图 2 - 95　线性标注图形

命令: _ dimlinear
指定第一个尺寸界线原点或〈选择对象〉:
指定第二条尺寸界线原点:
指定尺寸线位置或
[多行文字(M)/文字(T)/角度(A)/水平(H)/垂直(V)/旋转(R)]:
标注文字 = 1518
命令: _ dimlinear
指定第一个尺寸界线原点或〈选择对象〉:
指定第二条尺寸界线原点:
指定尺寸线位置或
[多行文字(M)/文字(T)/角度(A)/水平(H)/垂直(V)/旋转(R)]:
标注文字 = 2000
命令: _ dimlinear
指定第一个尺寸界线原点或〈选择对象〉:
指定第二条尺寸界线原点:
指定尺寸线位置或
[多行文字(M)/文字(T)/角度(A)/水平(H)/垂直(V)/旋转(R)]:
标注文字 = 1500
命令: _ dimlinear
指定第一个尺寸界线原点或〈选择对象〉:
指定第二条尺寸界线原点:
指定尺寸线位置或
[多行文字(M)/文字(T)/角度(A)/水平(H)/垂直(V)/旋转(R)]:
标注文字 = 920

步骤3:选择【标注】→【对齐标注】命令,或在"标注"工具栏中单击"对齐标注"
按钮,创建的对齐标注如图 2-96 所示。

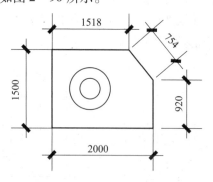

图 2-96 对齐标注图形

命令: _ dimaligned
指定第一个尺寸界线原点或〈选择对象〉:

```
指定第二条尺寸界线原点:
指定尺寸线位置或
[多行文字(M)/文字(T)/角度(A)]:
标注文字 = 754
```

3. 基线标注

选择【标注】→【基线标注】命令，或在"标注"工具栏中单击"基线标注" 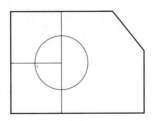 按钮，可以创建一系列由相同的标注原点测量出来的标注。

基线标注在标注前首先要创建一个线性标注或角度标注，作为基准标注，然后执行"基线标注"命令，此时命令行将会显示如下信息：

```
命令: _ dimbaseline
指定第二条尺寸界线原点或 [放弃(U)/选择(S)]〈选择〉:
```

在该提示下，用户可以直接确定下一个尺寸的第二条尺寸界线的起始点，AutoCAD 将按基线标注方式标注出尺寸，直接按鼠标右键结束命令。

4. 连续标注

选择【标注】→【连续标注】命令，或在"标注"工具栏中单击"连续标注" 按钮，可以创建一系列的端点与端点重叠的标注，每个连续标注都从前一个标注的第二个尺寸界线处开始。

与基线标注一样，在进行连续标注前首先要创建一个线性标注或角度标注，作为基准标注，以确定连续标注所需要的前一尺寸标注的尺寸界线，然后执行"连续标注"命令，命令行将会显示如下提示信息：

```
命令: _ dimcontinue
指定第二条尺寸界线原点或 [放弃(U)/选择(S)]〈选择〉:
```

在该提示下，当确定了下一个尺寸的第二条尺寸界线原点后，AutoCAD 按连续标注方式标注出尺寸，即把上一个所选标注的第二条尺寸界线作为新尺寸标注的第一条尺寸界线来标注尺寸。当标注完全部尺寸后，按鼠标右键或 Enter 键结束命令。

例 2 – 13　利用例 2 – 11 所创建的标注样式 DIM，使用"基线标注"和"连续标注"功能，标注如图 2 – 97 所示的图形中的尺寸。

图 2 – 97　基线、连续标注原图形

步骤 1：选择【标注】→【线性标注】命令，或在"标注"工具栏中单击"线性标注" 按钮，如图 2 – 98 所示。

命令：_ dimlinear
指定第一个尺寸界线原点或〈选择对象〉：
指定第二条尺寸界线原点：
指定尺寸线位置或
[多行文字(M)/文字(T)/角度(A)/水平(H)/垂直(V)/旋转(R)]：
标注文字 = 750

步骤2：选择【标注】→【基线标注】命令，或在"标注"工具栏中单击"基线标注"
按钮，系统将以最后一次创建的标注原点作为基线标注的基点，继续标注，创建的基
线标注如图2-99所示。

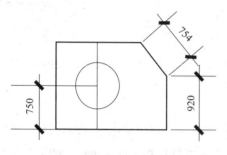

图2-98　创建垂直线性标注

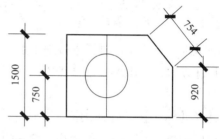

图2-99　基线标注

命令：_ dimbaseline
指定第二条尺寸界线原点或［放弃（U）/选择（S）］〈选择〉：
标注文字 = 1500
指定第二条尺寸界线原点或［放弃（U）/选择（S）］〈选择〉：
选择基准标注：

步骤3：选择【标注】→【线性标注】命令，或在"标注"工具栏中单击"线性标注"
按钮，创建的水平线性标注如图2-100所示。

命令：_ dimlinear
指定第一个尺寸界线原点或〈选择对象〉：
指定第二条尺寸界线原点：
指定尺寸线位置或
[多行文字(M)/文字(T)/角度(A)/水平(H)/垂直(V)/旋转(R)]：
标注文字 = 750

步骤4：选择【标注】→【连续标注】命令，或在"标注"工具栏中单击"连续标注"
按钮，系统将以最后线性标注的尺寸标注作为连续标注的基点，继续标注其他点的
尺寸。如图2-101所示。

命令：_ dimcontinue
指定第二条尺寸界线原点或［放弃（U）/选择（S）］〈选择〉：
标注文字 = 1250

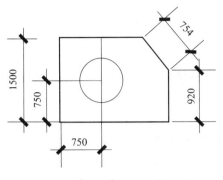

图 2-100　创建水平线性标注

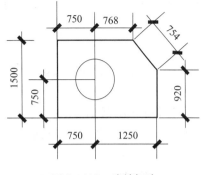

图 2-101　连续标注

指定第二条尺寸界线原点或［放弃（U）/选择（S）]〈选择〉：

选择连续标注：

5. 半径标注

选择【标注】→【半径】命令，或在"标注"工具栏中单击"半径标注" ⊘ 按钮，可以标注圆和圆弧的半径。执行该命令时，首先要选择标注半径的圆或圆弧，此时，命令行将会显示如下信息：

命令：_dimradius

选择圆弧或圆：

标注文字 = 400

指定尺寸线位置或［多行文字(M)/文字(T)/角度(A)]：

6. 直径标注

选择【标注】→【直径】命令，或在"标注"工具栏中单击"直径标注" ⊘ 按钮，可以标注圆和圆弧的直径。此时，命令行将会显示如下信息：

命令：_dimdiameter

选择圆弧或圆：

标注文字 = 800

指定尺寸线位置或［多行文字(M)/文字(T)/角度(A)]：

7. 角度标注

选择【标注】→【角度】命令，或在"标注"工具栏中单击"角度标注" ⊿ 按钮，可以标注圆和圆弧角度、两条直线间的角度或三点间的角度。在执行角度标注时，命令行将会显示如下信息：

命令：_dimangular

选择圆弧、圆、直线或〈指定顶点〉：

选择第二条直线：

指定标注弧线位置或［多行文字(M)/文字(T)/角度(A)/象限点(Q)]：

标注文字 = 140

在该提示下，可以选择需要标注的对象。

思考题

1. 图层的作用是什么？创建一个新图层并为其命名，设置线型为实线、颜色为绿色、线宽为5.0。

2. 怎样设置用户坐标系？

3. 在"特性工具栏"中设置的"颜色""线型"和"线宽"与用其他方式设置的有什么不同？

4. 怎样创建内部图块和外部图块？在绘制图形中内部图块和外部图块的使用有何区别？

5. 如何设置标注样式？对图 2 – 102 进行尺寸标注。

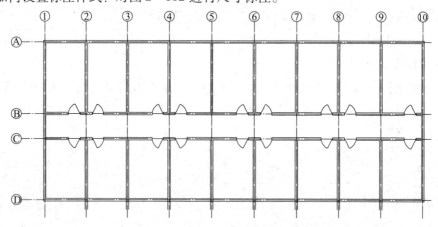

图 2 – 102　建筑平面图示例

注：横向：①～⑩轴均为3600，竖向：Ⓐ～Ⓓ轴各轴线间距分别为6000、2100、5100。

第 3 章　二维图形绘制及编辑

建筑电气施工图的绘制图形主要是二维图形。二维图形是由一些基本的图形，例如点、线和圆等组成的，绘制方法虽然很简单，但它们是绘制复杂图形的基础。因此，熟练掌握并运用绘图方法是很重要的。本章将详细介绍 AutoCAD 绘制和编辑二维图形的方法。通过对本章的学习，将熟练掌握绘制和编辑点、线、圆、圆弧、矩形、正多边形、椭圆和圆环的基本方法和相关绘图技巧。

第 1 节　绘图的基本操作方法

在 AutoCAD 中创建二维图形需要熟练掌握每个命令的功能及应用，然后按照不同的绘图需要绘制不同的图形。

3.1.1　菜单基本操作

绘制二维图形可以通过菜单栏里【绘图】下拉菜单下的命令来完成，如图 3 - 1 所示。

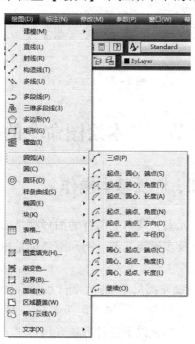

图 3 - 1　"绘图"菜单

也可以通过快捷菜单来完成，快捷菜单又称为上下文关联菜单、弹出菜单。在绘图区域、工具栏、状态栏、模型与布局选项卡及一些对话框上单击鼠标右键时将弹出一个快捷菜单，该菜单中的命令与 AutoCAD 当前状态相关。使用快捷菜单可以不必启用菜单栏，能快速、高效地完成某些操作。

3.1.2　工具栏基本操作

使用工具栏可以快速地选择所需要的菜单命令。工具栏中的按钮大部分都与菜单栏中的命令相对应，但也有例外，例如"绘图"工具栏中没有"多线"按钮，如图 3-2 所示。

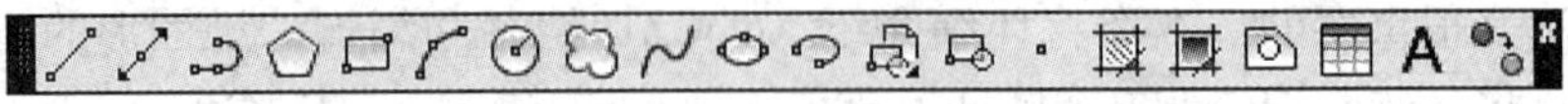

图 3-2　"绘图"工具栏

3.1.3　命令行基本操作

每个菜单命令都有相对应的英文指令，用户只需要在命令行中输入相应的英文指令，然后按 Enter 键或鼠标右键即可执行相对应的菜单命令，如图 3-3 所示。常用英文指令在 AutoCAD 系统中都有相应的简写命令，例如："直线"菜单命令英文指令为"LINE"系统默认简写命令为"L"，绘制直线时，直接在命令行中输入"L"即可。如果想根据自己的习惯设置一些命令的简写英文指令，可以单击【工具】下拉菜单中"自定义"下的"编辑程序参数（acad. pgp）"选项，设置自定义简写命令。使用快捷命令可以提高工作效率。

```
命令:
命令:
命令: _line
指定第一个点: *取消*
> · 键入命令
```

图 3-3　"命令行"

第 2 节　基本绘图命令的操作

3.2.1　点、线、圆、圆弧基本操作

点和线是绘图中最基本的元素，基本上所有的图形都是由点和线构成的。其中线包括了直线、射线、构造线、多线以及多段线五种。圆和圆弧都是由点构成的曲线。

1. 绘制点

在 AutoCAD 中，执行任何操作都离不开点，可以进行"单点"和"多点"操作。在菜单操作命令中，它可以实现"定数等分"和"定距等分"两种功能，所以在绘图前一般都要设置点的大小、样式等。可以通过以下三种方法来执行"点"命令。

1）选择【绘图】→【点】→【单点】或【多点】菜单命令。

2）单击【绘图】工具栏中的"点" ▪ 按钮。

3）在命令行中输入：Point。

执行"点"命令功能后，可以通过以下几种方法绘制出点。

1）在绘图窗口中，单击鼠标左键确定。

2）以动态输入的方式输入点的坐标。

3）在命令行中输入点的坐标。

利用"对象捕捉"功能，捕捉图形中的特殊点。

（1）点样式的设置。

选择【格式】→【点样式】命令，打开"点样式"对话框，如图 3-4 所示。在该对话框中根据绘图需要可以设置点的形状和大小。

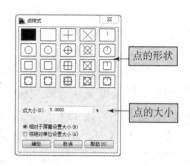

图 3-4　系统默认
"点样式"对话框

在"点大小"文本框中可输入点的大小。其中"相对于屏幕设置大小"单选项用于按屏幕尺寸的百分比设置点的显示大小，当进行缩放时，点的显示大小并不改变；"按绝对单位设置大小"单选项用于按"点大小"下指定的实际单位设置点显示的大小，当进行缩放时，AutoCAD 显示的点的大小随之改变。

（2）定数等分。

"定数等分"和"定距等分"具有将直线、圆弧、圆等图形对象分割成相同长度的线段，并且会显示等分标记的功能。

"定数等分"可以将图形的边、周长等分。执行"定数等分"功能的方法有下面两种：

1）单击【绘图】→【点】→【定数等分】命令。

2）在命令行中输入：Divide。

例 3-1　在一段直线上做定数等分操作，其具体操作步骤如下：

步骤 1：选择菜单【绘图】→【直线】命令，绘制一段直线，如图 3-5 所示。

图 3-5　绘制直线

```
命令：_ line
指定第一个点：
指定下一点或 [放弃 (U)]：〈正交　开〉
指定下一点或 [放弃 (U)]：
```

步骤 2：根据需要设置点样式，选择菜单【格式】→【点样式】命令，打开【点样式】对话框，如图 3-6 所示。

步骤 3：选择菜单【绘图】→【点】→【定数等分】命令，这时会在图中出现 5 个点，将线段等分为 6 段，如图 3-7 所示。

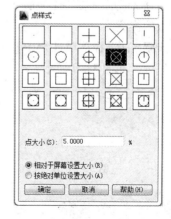

图 3-6　选择"点样式"
后对话框

```
命令: _ divide
选择要定数等分的对象:
输入线段数目或 [块 (B)]: 6
```

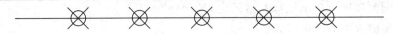

图 3-7　直线定数等分

（3）定距等分。

"定距等分"功能可以按指定的长度，从指定的端点测量一条直线、圆弧或多段线，并在其上按长度显示点或块标记。"定距等分"命令用于在所选择对象上，用给定的距离设置点。它实际是提供了一个测量图形长度，并按指定距离标上标记的命令，或者说它是一个等距绘图命令。与"定数等分"命令相比，后者是以给定数目等分所选实体，而"定距等分"命令则是以指定的距离在所选实体上插入点或块，直到余下部分不足一个间距为止。

注意：进行定距等分时，在选择等分对象时鼠标左键应单击被等分对象的位置。单击位置不同，结果可能不同。可以通过以下两种方法来执行"定距等分"功能：

1）选择【绘图】→【点】→【定距等分】命令。

2）在命令行中输入：Measure。

例 3-2　在一段圆弧上做定距等分操作，其具体操作步骤如下：

步骤 1：选择菜单【绘图】→【圆弧】→【三点】命令，绘制一段圆弧，如图 3-8 所示。

```
命令: _ arc
圆弧创建方向: 逆时针 (按住 Ctrl 键可切换方向)。
指定圆弧的起点或 [圆心 (C)]:
指定圆弧的第二个点或 [圆心 (C) /端点 (E)]:
指定圆弧的端点:
```

步骤 2：选择菜单【绘图】→【点】→【定距等分】命令，打开【点样式】对话框，设置点的样式。

步骤 3：选择菜单【绘图】→【点】→【定数等分】命令，对圆弧设定距离为 500 一段的等分，如图 3-9 所示。

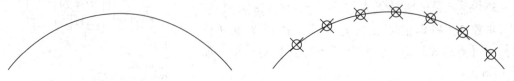

图 3-8　绘制圆弧　　　　　　　　图 3-9　圆弧定距等分

```
命令: _ measure
选择要定距等分的对象:
指定线段长度或 [块 (B)]:
```

需要数值距离、两点或选项关键字。

指定线段长度或 [块 (B)]：500

2. 绘制线

在 AutoCAD 中，所有图形基本上都是由线段组成的，线可以分为直线、射线、构造线、多线和多线段等五种。可以根据不同的绘图需要，绘制不同的线。

(1) 绘制直线。

直线是应用最普遍的线。可以通过以下三种方法来执行"直线"操作。

1) 选择【绘图】→【直线】菜单命令。

2) 单击【绘图】工具栏中的"直线" ∕ 按钮。

3) 在命令行中输入：Line 或 "L"。

"直线"命令主要用于在两点之间绘制直线段。绘制直线的操作方法十分简单，用户可以通过鼠标或输入点坐标值来决定线段的起点和端点。使用"直线"命令，可以创建一系列连续的线段。当用"直线"命令绘制线段时，AutoCAD 允许以该线段的端点为起点，绘制另一条线段，如此循环直到按回车键或 Esc 键终止命令。如果要指定精确定义每条直线端点的位置，用户可以使用绝对坐标或相对坐标输入端点的坐标值，也可以利用对象捕捉设定现有对象的某特殊点作为端点。例如，可以将圆心指定为直线的端点：打开栅格捕捉并捕捉到圆心位置。

例 3-3　绘制一段长度为 1500，与水平夹角为 45°的斜线段，其具体操作步骤如下：

步骤 1：选择菜单【绘图】→【直线】命令，在图中先确定第一个点，并将光标向右斜上方拉，如图 3-10 所示。

命令：_line　指定第一点：

步骤 2：在状态栏中"动态输入"打开的情况下，启动"动态输入"并执行 LINE 命令后，AutoCAD 一方面在命令窗口提示"指定第一点："，同时在光标附近显示出一个提示框，一般称之为"工具栏提示"。工具栏提示中显示出对应的 AutoCAD 提示

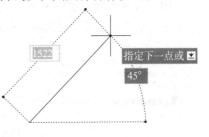

图 3-10　确定起点示例

"指定第一点："和光标的当前坐标值，如 指定第一个点 1465.2942 418.3913 。此时用户移动光标，工具栏提示也会随着光标移动，且显示出的坐标值会动态变化，以反映光标的当前坐标值。在前面的图示状态下，用户可以在工具栏提示中输入点的坐标值，而不必切换到命令行进行输入（切换到命令行的方式：在命令窗口中，将光标放到"命令："提示的后面单击鼠标拾取键）。

选择【绘图】下拉菜单下"草图设置"命令，AutoCAD 弹出"草图设置"对话框，用户可通过该对话框根据绘图需要进行相应的设置。

这时可直接输入"1500 〈45"，按鼠标右键或 Enter 键即可，如图 3-11 所示。

指定下一点或 [放弃 (U)]：@ 1500 〈45

步骤 3：再次按 Enter 键结束绘制直线操作，得到的效果如图 3-12 所示。

指定下一点或 [放弃 (U)]：

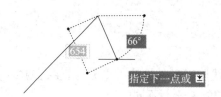

图 3 – 11　输入 "1500〈45" 按 Enter 键示例　　　图 3 – 12　绘制直线

（2）绘制多线。

多线多用于绘制建筑平面图中的墙体、电子线路等图中，用于绘制平行线对象。它是由 1 至 16 条平行线组成的组合对象，这些平行线称为元素。平行线之间的间距和数量可以根据绘图需要进行调整，它突出的优点是能够提高绘图效率，保证图线之间的统一性。绘制多线的方法比较简单，可以使用菜单命令和命令行输入英文指令两种方法绘制多线。系统没有在工具栏设置此功能。

1）选择【绘图】→【多线】命令。

2）在命令行中输入：MLine。

在绘制多线之前，根据绘图需要一般要先设置多线样式。选择【格式】→【多线样式】命令，或者在命令行中输入 mlstyle 命令，打开 "多线样式" 对话框，如图 3 – 13 所示。

用户可以根据自己的需求，新建一个多线的样式，这里可以单击 "新建" 按钮，打开 "创建新的多段样式" 对话框，如图 3 – 14 所示。

图 3 – 13　"多线样式" 对话框　　　　图 3 – 14　"创建新的多线样式" 对话框

输入一个新样式的名称后，单击 "继续" 按钮，打开 "新建多线样式：墙线" 对话框，如图 3 – 15 所示。

根据绘图需要设置其线条数目、线型、颜色和线的连接方式等参数。设好 "多线样式" 后，单击 "确定" 按钮返回 "多线样式" 对话框，在样式列表框中选择新建样式的 "墙线"，然后单击 "置为当前" 按钮完成，如图 3 – 16 所示。

图 3 – 15　"新建多线样式：墙线"对话框　　图 3 – 16　"当前多线样式：墙线"对话框

例 3 – 4　下面介绍如何绘制多线，具体操作步骤如下：

步骤 1：选择菜单【绘图】→【多线】命令，在绘图区域中任意选择第一个点，这时可同时绘制两条线段，命令栏中"比例"可以根据绘图需要调整。"标注样式"里设置的两线之间的距离与比例参数的乘积是最后绘图的"多线"两线之间的实际距离，如图 3 – 17 所示。因标注样式里设置两线之间距离为 10，所以绘制后的实际距离为 200，满足建筑墙线宽度设置要求。

```
命令：_ mline
当前设置：对正 = 上，比例 = 20.00，样式 = STANDARD
指定起点或 [对正(J)/比例(S)/样式(ST)]:
指定下一点：
```

步骤 2：选择第二个点，并将光标拉到第三个点，如图 3 – 18 所示。

```
指定下一点或 [闭合 (C) /放弃 (U)]
```

步骤 3：确定第三个点，再确定第四个点，并按 Enter 键结束多线绘图操作，如图 3 – 19 所示。

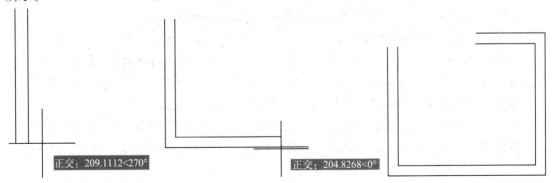

图 3 – 17　绘制起点示例　　　　图 3 – 18　绘制第二点示例　　　　图 3 – 19　绘制多线示例

```
指定下一点或 [闭合 (C) /放弃 (U)]:
指定下一点或 [闭合 (C) /放弃 (U)]:
```

指定下一点或〔闭合（C）/放弃（U）〕：

命令：指定对角点或〔栏选（F）/圈围（WP）/圈交（CP）〕：＊取消＊

（3）绘制多段线。

多段线是由相连的直线段与弧线段组成的图形对象，不同线段可以设置不同的宽度，甚至每个线段的开始点和结束点的宽度都可以不同，弥补了直线或圆弧功能的不足。同时由于多段线是作为单一对象使用的，因此可方便地对其进行统一处理。在 AutoCAD 中多段线是一种非常有用的线段组合体，它们既可以一起编辑，也可以分开来编辑，主要用于流程图、布管图、布线图等绘制中，可以使用以下 3 种方法绘制多段线。

1）选择【绘图】→【多段线】菜单命令。

2）单击"绘图"工具栏中的"多段线" ⌐⊃ 按钮。

3）在命令行中输入：Pline。

例 3 - 5 下面介绍如何绘制多段线，启动【多段线】命令后，可按照如下操作步骤绘制多段线：

步骤 1：选择【多段线】命令，在屏幕上指定一点，命令行出现下列提示：

指定下一个点〔圆弧（A）/半宽（H）/长度（L）/放弃（U）/宽度（W）〕：

步骤 2：输入极坐标"@1000〈0"，按 Enter 键，命令提示行显示如下信息：

指定下一个点〔圆弧（A）/半宽（H）/长度（L）/放弃（U）/宽度（W）〕：

步骤 3：输入"W"，按 Enter 键，命令提示行显示如下信息：

指定起点宽度〈0.0000〉：

步骤 4：输入"0"，指定起点的宽度，按 Enter 键，命令提示行显示如下信息：

指定端点宽度〈0.0000〉：

步骤 5：输入"400"，指定终点的宽度，按 Enter 键，命令提示行显示如下信息：

指定下一个点或〔圆弧（A）/半宽（H）/长度（L）/放弃（U）/宽度（W）〕：

步骤 6：输入极坐标"@400〈0"后，按 Enter 键，再按 Enter 键，命令提示行显示如下信息：

指定下一个点或〔圆弧（A）/半宽（H）/长度（L）/放弃（U）/宽度（W）〕：

步骤 7：输入"W"，按 Enter 键，命令提示行显示如下信息：

指定起点宽度〈400.0000〉：

步骤 8：输入"0"，指定起点的宽度，按 Enter 键，命令提示行显示如下信息：

指定端点宽度〈0.0000〉：

步骤 9：输入"0"，指定终点的宽度，命令提示行显示如下信息：

指定下一个点〔圆弧（A）/半宽（H）/长度（L）/放弃（U）/宽度（W）〕：

步骤 10：输入极坐标"@1500〈0"，按 Enter 键，退出命令编辑状态，此时，绘图区域将出现一条带箭头的多段线，如图 3 - 20 所示。

3. 绘制圆

可以使用以下三种方法绘制圆。

1）选择【绘图】→【圆】菜单命令。

2）单击"绘图"工具栏中的"圆" ⊙ 按钮。

图 3 - 20 绘制多线段示例

3）在命令行中输入：Circle 或 C。

（1）选择【绘图】→【圆】命令，会弹出如图 3 - 21 所示对话框。在子菜单中提供了 6 种绘制圆的命令，各命令含义如下：

1）圆心、半径：通过指定圆心和半径绘制圆。

2）圆心、直径：通过指定圆心和直径绘制圆。

3）两点：通过指定两个点和点之间的距离绘制圆。

4）三点：通过指定 3 个点来绘制圆。

5）相切、相切、半径：绘制一个与两个对象相切的圆，找到两个切点，然后输入半径即可绘制圆。

6）相切、相切、相切：通过指定 3 个与圆相切的对象来绘制圆。

（2）使用工具栏中"圆"的按钮命令，或在"命令行"输入圆的英文指令"Circle"或"C"，则命令行会有提示信息：Circle 指定圆的圆心或［三点（3P）/两点（2P）/相切、相切、半径（T）］。根据提示信息中括号里的选项绘制圆。

例 3 - 6　在如图 3 - 22 所示原图形上绘制半径为 500 的圆，并且要与原来的两个圆相切，其具体操作步骤如下：

图 3 - 21　"圆"的菜单对话框

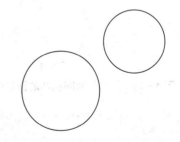

图 3 - 22　原图形示例

步骤 1：选择菜单【绘图】→【圆】→【相切、相切、半径】命令，在绘图区域中选择第一个切点，如图 3 - 23 所示。

命令：_ Circle 指定圆的圆心或［三点(3P)/两点(2P)/相切、相切、半径(T)］：_ ttr
指定对象与圆的第一个切点：

步骤 2：在另一个圆上找第二个切点，如图 3 - 24 所示。

指定对象与圆的第二个切点：

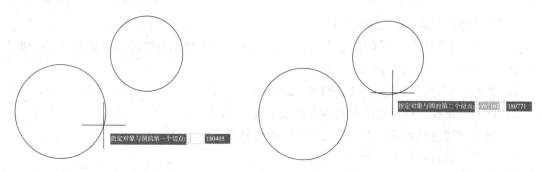

图 3 – 23　选择第一个切点示例　　　　　　图 3 – 24　选择第二个切点示例

步骤 3：输入绘制圆的半径 500，得到的最终效果，如图 3 – 25 所示。

指定圆的半径〈500〉：500

4. 绘制圆弧

绘制圆弧的执行方式有下列三种：

1）选择【绘图】→【圆弧】菜单命令。

2）单击"绘图"工具栏中的"圆弧" ╱ 按钮。

3）在命令行中输入：Arc。

当选择【绘图】→【圆弧】命令，会弹出如图 3 – 26 所示"圆弧"子菜单，命令行显示如下信息：

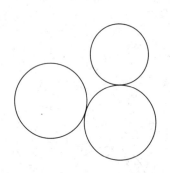

图 3 – 25　绘制与两圆相切的圆示例　　　　图 3 – 26　"圆弧"子菜单

命令：_ arc　　　　　　　　　　　　　　//按 Enter 键
指定圆弧的起点或［圆心（C）］：　　　　//输入圆弧的起点或圆心
指定圆弧的第二个点或［圆心（C）/端点（E）］：//输入圆弧的第二个点或圆心
指定圆弧的端点：　　　　　　　　　　　//输入圆弧的端点，按 Enter 键即可

例 3 – 7　在原图形长为 800 和宽为 600 的矩形的宽边上，绘制半径为 300 的圆弧，如图 3 – 27 原图形所示。其具体操作步骤如下：

步骤 1：选择菜单【绘图】→【圆弧】→【起点、端点、半径】命令，选择矩形的右下角为圆弧的起点，如图 3 – 28 所示。圆弧起点的选择决定圆弧的方向。

命令：_ Arc 指定圆弧起点或［圆心（C）］：

指定圆弧的第二个点或［圆心（C）/端点（E）］：_ E

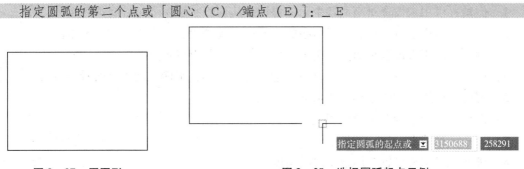

图 3-27　原图形　　　　　　　　　　　图 3-28　选择圆弧起点示例

步骤 2：选择矩形的右上角为圆弧的端点，如图 3-29 所示。

指定圆弧的端点：

步骤 3：输入圆弧的半径 300 后，按 Enter 键，完成圆弧绘制，如图 3-30 所示。

指定圆圆弧的圆心或［角度（A）/方向（D）/半径（R）］：_ r 指定圆弧的半径：300

图 3-29　选择圆弧终点示例　　　　　　　图 3-30　绘制圆弧示例

3.2.2　矩形、正多边形、椭圆、圆环基本操作

矩形和正多边形都是由线段组成的二维图形，椭圆和圆环都是由圆演变而来的。

1. 绘制矩形

绘制矩形的执行方式有下列三种：

1）选择【绘图】→【矩形】菜单命令。

2）单击"绘图"工具栏中的"矩形" 🔲 按钮。

3）在命令行中输入：Rectang 或 Rec。

绘制矩形的具体操作如下：

步骤 1：选择【绘图】→【矩形】命令，或在命令行输入 Rectang 命令，命令行出现下列提示：

指定第一个角点或［倒角（C）/标高（E）/圆角（F）/厚度（T）/宽度（W）］：

步骤 2：在屏幕上单击一点或输入点的坐标，命令行将出现下列提示：

指定另一个角点或［面积（A）/尺寸（D）/旋转（R）］：

步骤 3：再输入另一个点的坐标或者以任意一点作为另一角点，然后按 Enter 键即可。

其中，命令行中括号里各提示项的含义如下：

1）倒角：可用来设置对矩形各个角的修饰，从而绘制出 4 个角带倒角的矩形。

2）标高：可用来设置绘制矩形所在的 Z 平面，此项设置在平面视图中看不出区别。

3）圆角：可用来设置矩形各个角为圆角，从而绘制出带圆角的矩形。

4）厚度：可用来设置矩形沿 Z 轴方向的厚度，同样在平面视图中无法看到效果。

5）宽度：可用来设置矩形边的宽度。

6）面积：可用来设置矩形面积大小。

7）尺寸：可用来设置矩形长度。

8）旋转：可用来设置矩形绘制时的角度。

注意：标高和厚度是两个不同的概念。设定标高是指在距基面一定高度的面内绘制矩形，而设定厚度则表示可以绘制出具有一定厚度（给定值）的矩形，一般在三维图里能看到。

例 3 - 8　绘制一个长为 800、宽为 600 的矩形，其具体操作步骤如下：

步骤 1：选择菜单【绘图】→【矩形】命令，在图中任意选择一个点作为第一角点并将光标向下拉，如图 3 - 31 所示。

> 命令：_ rectang
> 指定第一个角点或 ［倒角(C) /标高(E) /圆角(F) /厚度(T) /宽度(W)］:

步骤 2　直接输入"800"，按 Tab 键后，再输入"600"，然后按 Enter 键，得到最终的效果如图 3 - 32 所示。

> 指定另一个角点或 ［面积(A) /尺寸(D) /旋转(R)］: @ 800, 600

图 3 - 31　确定矩形第一点示例　　　图 3 - 32　绘制矩形示例　　　图 3 - 33　绘制倒角矩形示例

例 3 - 9　绘制一个长为 800、宽为 600 且横向和竖向倒角距离分别为 100 的矩形。如图 3 - 33 所示。其具体操作步骤如下：

> 命令：_ rectang
> 指定第一个角点或 ［倒角(C) /标高(E) /圆角(F) /厚度(T) /宽度(W)］: c
> 指定矩形的第一个倒角距离 〈0〉: 100
> 指定矩形的第二个倒角距离 〈100〉: 100
> 指定第一个角点或 ［倒角(C) /标高(E) /圆角(F) /厚度(T) /宽度(W)］:
> 指定另一个角点或 ［面积(A) /尺寸(D) /旋转(R)］: @ 800, 600

2. 绘制正多边形

正多边形实际上是多段线，所以不能用"圆心"捕捉方式来捕捉一个已存在的正多边形的中心。绘制正多边形的执行方式有下列三种：

1）选择【绘图】→【正多边形】菜单命令。

2）单击"绘图"工具栏中的"正多边形"  按钮。

3）在命令行中输入：Polygon 或 Pol。

绘制正多边形的具体操作如下：

步骤 1：在命令行中输入 Polygon 命令，按 Enter 键，命令行出现下列提示：

> 输入边的数目（4）：

步骤 2：输入多边形的边数，按 Enter 键，命令行出现下列提示：

> 指定正多边形的中心点或 [边（E）]：

步骤 3：输入中心点或者任意一点，命令行出现下列提示：

> 输入选项 [内接于圆(I)/外切于圆(C)]〈I〉：

步骤 4：输入"I"或"C"，按 Enter 键，系统默认的是内接圆，命令行显示如下信息：

> 指定圆的半径：

步骤 5：输入半径值，在屏幕上单击一点，按 Enter 键，就绘制了一个多边形。

例 3 – 10　下面绘制一个外切于圆、半径为 500 的正六边形，具体操作步骤如下：

步骤 1：选择菜单【绘图】→【正多边形】命令，输入正多边形边的数目，这里输入"6"。然后在图中确定正多边形的中心点，如图 3 – 34 所示。

> 命令：_ Polygon 输入边的数目〈4〉：6
> 指定正多边形中心点或 [边（E）]：

步骤 2：选择"外切于圆"选项，然后按 Enter 键即可，如图 3 – 35 所示。

图 3 – 34　确定中心点　　　　　　　图 3 – 35　外切于圆

> 输入选项 [内接于圆(I)/外切于圆(C)]〈I〉：c

步骤 3：将光标沿 Y 轴极轴向下拉，再输入绘制半径 500，如图 3 – 36 所示。

> 指定圆的半径：500

步骤 4：按鼠标右键或 Enter 键，完成绘制外切于圆、半径为 500 的正六边形的操作，如图 3 – 37 所示。

3. 绘制椭圆

椭圆是由长轴和短轴控制的圆弧，生活中许多东西都是由椭圆构成的，例如行星的轨道等。绘制椭圆的执行方式有下列三种：

1）选择【绘图】→【椭圆】菜单命令，会弹出如图 3 – 38 所示"椭圆"的子菜单。

2）单击"绘图"工具栏中的"椭圆"  按钮。

3）在命令行中输入：Ellipse 或 El。

绘制椭圆有两种常用具体操作：一种是选择【绘图】→【椭圆】→【中心点】命令，

通过指定椭圆中心、一个轴的端点及另一个轴的半轴长度来绘制椭圆；另一种是选择【绘图】→【椭圆】→【轴、端点】命令，通过指定一个轴的两个端点和另一个轴的半轴长度来绘制椭圆，如图 3-39 所示。具体操作如下：

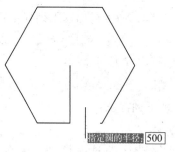

图 3-36　输入绘制半径

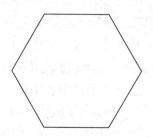

图 3-37　绘制正六边形

```
命令：_ Ellipse
指定椭圆的轴端点或 [圆弧(A)/中心点(C)]：_ c
指定椭圆的中心点：
指定轴的端点：
指定另一条半轴长度或　[旋转 (R)]：
命令：
Ellipes
指定椭圆的轴端点或 [圆弧(A)/中心点(C)]：
指定轴的另一个端点：
指定另一条半轴长度或 [旋转 (R)]：
```

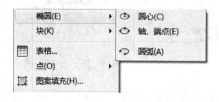

图 3-38　"椭圆"的子菜单

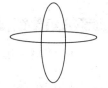

图 3-39　绘制的椭圆

例 3-11　绘制一个长轴为 500、短轴为 400 的椭圆。其具体操作步骤如下：

步骤 1：选择菜单【绘图】→【椭圆】→【中心点】命令，先在图中确定中心点，然后把光标拉向 X 轴方向，如图 3-40 所示。

```
命令：_ Ellipse
指定椭圆的轴端点或 [圆弧(A)/中心点(C)]：_ c
指定椭圆的中心点：
```

步骤 2：输入长轴数值 500 后，椭圆的长轴确定，然后输入短轴。如图 3-41 所示。

```
指定轴的端点：500
```

步骤 3：输入短轴数值 200 后，椭圆绘制完成。如图 3-42 所示。

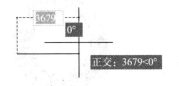 

图 3 -40　确定中心点　　　　　图 3 -41　确定长轴　　　　图 3 -42　确定短轴

指定另一条半轴长度或 ［旋转 （R）］：200

在 CAD 建模时，有时需要将椭圆像多段线一样进行编辑，但是椭圆默认值是不具备多段线属性的，可以使用下列方法将椭圆转换成多段线：

1）在命令行输入 PEllipse 命令，命令行显示如下信息：

输入 PEllipse 的新值 ⟨0⟩：

2）将其参数改为1，按 Enter 键，再用 Ellipse 命令绘制的椭圆就具备多段线属性了。

4. 绘制圆环

绘制圆环的执行方式有下列两种：

1）选择【绘图】→【圆环】菜单命令。

2）在命令行中输入：Donut 或 Do。

在执行上述任一种方式时，AutoCAD 命令行中都会提示：

命令：_ donut
指定圆环的内径 ⟨0⟩：
指定圆环的外径 ⟨100⟩：
指定圆环的中心点或 ⟨退出⟩：

例 3 -12　绘制一个内径为 300、外径为 500 的圆环。其具体操作步骤如下：

步骤 1：选择【绘图】→【圆环】命令，输入圆环需要的内径，这里输入 "300"，如图 3 -43 所示。

命令：_ donut
指定圆环的内径 ⟨0⟩：300

步骤 2：输入圆环需要的外径，这里输入 "500"，如图 3 -44 所示。

指定圆环的外径 ⟨100⟩：500

图 3 -43　输入圆环内径　　　　　　　　　　图 3 -44　输入圆环外径

步骤 3：指定圆环中心点并按"Enter"键，如图 3 – 45 所示。

指定圆环的中心点或〈退出〉：

注：如果圆环内径为 0，则所绘制圆环为实心圆。利用圆环命令可以实现给圆加粗的功能。

图 3 – 45　确定中心点绘制圆环

3.2.3　图案填充

在图纸绘制时经常要重复绘制某些图案以填充图形中的一个区域，从而表达该区域的特征，这样的填充操作在 AutoCAD 中称为图案填充。图案填充是一种使用指定线条图案来充满指定区域的图形对象，常常用于表达剖、切面和不同类型物体对象的外观纹理等，被广泛应用在绘制机械图、建筑图、地质构造图等各类图形中。在执行命令时，命令行中信息提示的相关名词含义如下：

"图案边界"是指进行图案填充时，首先要确定填充图案的边界。定义边界的对象只能是直线、双向射线、单向射线、多段线、样条曲线、圆、圆弧、椭圆、椭圆弧、面域等对象或用这些对象定义的块，而且作为边界的对象在当前屏幕上必须全部可见。

"孤岛"是指在进行图案填充时，把内部闭合边界称为孤岛。在用图案填充命令填充时，AutoCAD 允许用户以"拾取点"的方式确定填充边界，即在希望填充的区域内任意拾取一点，AutoCAD 会自动确定出填充边界，同时也确定该边界内的孤岛。如果用户是以"选择对象"的方式确定填充边界的，则必须确切地拾取这些孤岛。

1. 创建图案填充

在创建图案填充时，可以使用预定义、用户定义和自定义三种形式进行填充。其含义分别如下：

1）预定义：选择系统所带的 ACAD. PAT 文件进行对象填充。

2）用户定义：图案基于图形中的当前线型。

3）自定义：可以使用任何自定义 PAT 文件中所定义的图案，且这些文件已添加到搜索路径中。

图案填充的执行方式有下列三种：

1）选择【绘图】→【图案填充】命令。

2）单击"绘图"工具栏中的"图案填充"按钮 ▨ 。

3）在命令行输入"Bhatch"后，按 Enter 键。

在选择以上任意一种方式执行【图案填充】命令时，将弹出如图 3 – 46 所示对话框。

（1）图案填充。

该对话框包括"图案填充"和"渐变色"两个选项卡。"图案填充"选项卡主要用于定义要应用的图案填充的外观，"渐变色"选项卡主要用于定义要应用的渐变色填充的外观。

1）类型和图案：设置图案填充的类型和图案。

2）类型：可以在该下拉列表中选择填充图案的类型。

3）图案：该选项只有在"类型"下拉列表中选择了"预定义"选项时才有效。单击右端的下拉箭头按钮打开下拉列表，从中可以选择图案的样式，也可以单击该选项后面的 按钮，弹出如图3-47所示"填充图案选项板"对话框。

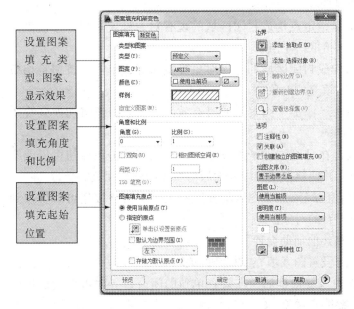

图3-46　"图案填充和渐变色"对话框　　　图3-47　"填充图案选项板"对话框

4）样例：显示所选择的图案的效果。

5）自定义图案：该选项只有在"类型"下拉列表中选择了"自定义"选项时才有效，在其下拉列表中有6个最近使用的自定义图案名称显示在列表顶部。

6）角度和比例：指定填充图案的角度和比例。

7）角度：在该下拉列表中可以设定填充图案的角度。

8）比例：在该下拉列表中可以设定填充图案的比例大小。

9）双向：该复选框只有在"类型"下拉列表中选择了"用户定义"选项时才有效。在用户定义的图案上绘制第二组直线，此直线与原来的直线形成90°的直角，从而构成垂直于两个方向的交叉线。

10）相对图纸空间：该复选框只在布局时有效，相对于图纸空间单位缩放填充图案。使用该选项在布局时可以轻松地显示填充图案。

11）间距：该选项只有在"类型"下拉列表选择了"用户定义"选项时才有效，该选项可以指定用户定义图案中直线的间隔距离。

12）ISO笔宽：该选项只有在"类型"下拉列表中选择了"预定义"选项时才有效，用于选定笔宽缩放ISO预定义图案。

13）图案填充原点：控制图案填充生成的起始位置。

14）使用当前原点：默认情况下，原点的坐标为（0，0）。

15）指定的原点：设定填充的图案的原点。

16）单击以设置新原点：单击该按钮可以直接切换到绘图窗口中指定新的原点。

17）默认为边界范围：可以在该下拉列表中选择图案填充边界的矩形范围，计算新的原点。该下拉列表包含左下、右下、右上、左上和正中 5 个选项。

18）存储为默认原点：选中该复选框，可以将新图案填充原点的值存储在 HPORIGIN 系统变量中。

19）边界：设定填充图案的边界选项。

20）"添加：拾取点"：根据围绕指定点构成封闭区域的现有对象确定边界。单击该按钮切换到绘图窗口，并且系统会提示拾取一个点。

21）"添加：选择对象"：根据构成封闭区域的选择对象确定边界，单击该按钮将切换到绘图窗口，在绘图窗口中选择图案填充的对象。

22）删除边界：该按钮只有在已经添加了图案填充时有效。单击该按钮将切换到绘图窗口，在绘图窗口中删除对象的边界。

23）重新创建边界：该按钮只有在已经添加了图案填充时有效。单击该按钮可以围绕指定的填充对象绘制多段线或面域，并使绘制的线段或面域与填充的图案相关联。

24）查看选择集：该按钮只有在已经添加了图案填充时有效。单击该按钮可以切换到绘图窗口，在绘图窗口中选择需要查看的对象。

25）选项：用于图案填充的一些其他辅助设置。

26）关联：选中该复选框后，可设置图案填充或填充的关联。

27）创建独立的图案填充：选中该复选框后，在设置单独的闭合边界时可以创建单个图案填充对象，也可以创建多个图案填充对象。

28）绘图次序：设置图案填充的次序。

29）图层：设置图案填图层。

30）透明度：当选用"使用当前选项"或"指定值"填充图案时颜色会从"0"至"90"变化或由"深色"变"浅色"。用户可根据绘图需要设置。

31）继承特性：对选定的对象进行图案填充，或者用特性对指定的边界进行图案填充。

（2）渐变色。

单击"图案填充和渐变色"对话框中的"渐变色"选项卡，如图 3 - 48 所示。

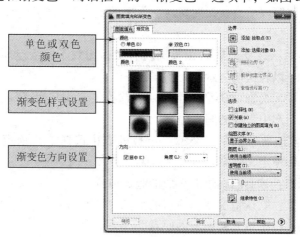

图 3 - 48　"图案填充和渐变色"对话框

各个选项的功能如下：

1）颜色：用于设置渐变色的颜色。

2）单色：指定渐变色的颜色为单色。

3）双色：选择该单选按钮后，会同时出现两种颜色的渐变，原来的白色由另一种颜色代替。

4）渐变图案：从中选择一种所需的渐变图案进行渐变操作。

5）方向：设定渐变色的角度和对称效果。

6）居中：用于设置渐变色是否对称。

7）角度：用于设置渐变色的角度。

例 3 - 13　在图 3 - 49 所示图中，分别用不同的图案填充"矩形"和"圆弧"。其具体操作步骤如下：

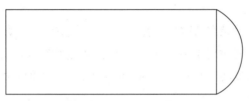

图 3 - 49　原图形

步骤 1：选择菜单【绘图】→【图案填充】→命令，在"图案填充和渐变色"对话框中图案下拉菜单中选择"AR – B816"，单击"确定"按钮，然后单击"添加：拾取点"按钮，单击原图形"矩形"内部任一点，按鼠标右键弹出"图案填充和渐变色"对话框，单击"确定"按钮。如图 3 - 50 所示。

```
命令：_ hatch
拾取内部点或［选择对象(S)/删除边界(B)］：正在选择所有对象…
正在选择所有可见对象…
正在分析所选数据…
正在分析内部孤岛…
拾取内部点或［选择对象(S)/删除边界(B)］：
```

步骤 2：选择菜单【绘图】→【图案填充】→命令，在"图案填充和渐变色"对话框中图案下拉菜单中选择"AR – HBONE"，单击"确定"按钮，然后单击"添加：拾取点"按钮，单击原图形"圆弧"内部任一点，按鼠标右键弹出"图案填充和渐变色"对话框，单击"确定"按钮。如图 3 - 51 所示。

```
命令：_ hatch
拾取内部点或［选择对象(S)/删除边界(B)］：正在选择所有对象…
正在选择所有可见对象…
正在分析所选数据…
正在分析内部孤岛…
拾取内部点或［选择对象(S)/删除边界(B)］：
```

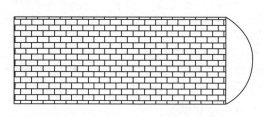

图 3-50　矩形图案填充示例　　　　　　　　图 3-51　圆弧图案填充示例

第 3 节　基本编辑命令的操作

本节主要介绍对图形对象的基本编辑操作，包括选择、移动、复制、缩放、偏移、镜像、旋转和拉伸图形等。通过对本节的学习，大家应了解图形对象的选择方法，掌握图形对象编辑命令的使用方法和技巧，使用夹点对图形对象进行简单的编辑，并能使用绘图工具和编辑命令来绘制复杂的图形。

3.3.1　"修改"菜单与"修改"工具栏

对于绘制好的二维图形还需要对其进行修改，修改的操作可以通过【修改】菜单如图图 3-52 所示，或者使用"修改"工具栏中的按钮，如图 3-53 所示。选择绘图需要的指令编辑二维图形，还可以通过在命令行中输入修改英文指令进行。

3.3.2　删除、复制、移动、旋转基本操作

1. 删除

在建筑绘图中，往往会有一些中间阶段的实体，如辅助线或一些错误的、没有作用的实体，而最终的建筑图形文件中是不包括这些实体的，这时就要使用【删除】命令。

删除对象的执行方式有以下三种：

1) 菜单命令：选择【修改】→【删除】命令。

2) 工具栏：单击"修改"工具栏中的 ✐ 按钮。

3) 命令行：在命令提示符后输入"Erase"命令或"E"。

具体操作：单击【修改】→【删除】命令，选择要删除的对象，然后按鼠标右键或回车键或 Space 键结束对象选择，此时将删除已选择的对象。使用 OOPS 命令，可以恢复最后一次使用【打断】、【块定义】和【删除】等命令编辑的对象。

在执行删除命令时，有时会出现删除的线条或图形对象又出现的现象。这可能是被删除图形对象是多个重合在一起的。对于新手，这是很常见的问题。所以在选择删除对象的时候最好使用"框选"或"窗交"的方式。

图 3－52　"修改"下拉菜单　　　　　　图 3－53　"修改"工具栏

例 3－14　把如图 3－54 所示的正六边形的三条对角线删除，其具体操作步骤如下：

步骤 1：选择菜单【修改】→【删除】命令。

命令：Erase

步骤 2：选择需要删除的线段，在这里我们用"窗交"（如灰色小窗）选择三条直线，选定后的线段呈虚线，如图 3－55 所示。

选择对象：指定对角点：找到 3 个选

步骤 3：选择线段后，按 Enter 键删除选定线段，如图 3－56 所示。

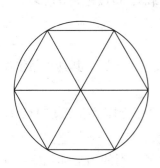

图 3－54　原图形

图 3－55　选定删除线段

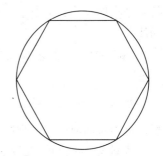

图 3－56　删除线段

2. 复制

该命令用于将选定的图形对象复制到指定的位置，且原图形对象保持不变。复制的对象与原对象方向、大小均相同。如果需要，还可以进行多次复制。每个复制的对象均与原对象各自独立，可以像原对象一样被编辑和使用。

（1）在【修改】菜单下的复制对象操作。

1）复制单个对象。

复制单个图形是在绘图中常用到的绘图方法。

例 3－15　在如图 3－57 所示的正六边形的右上端点上复制一个圆，其具体操作步骤如下：

步骤 1：选择【修改】→【复制】命令，或单击"修改"工具栏上的复制 ⚙ 按钮或在命令行的"命令："提示下输入"copy"并确认。

> 命令：_ copy　　//选择【复制】命令
> 选择对象：找到 1 个//选择此圆为复制对象
> 指定基点或【位移（D）】〈位移〉：//拾取圆的中心点为复制基点如图 3－58 所示
> 指定第二个点或〈使用第一个点作为位移〉：//拾取圆的右边端点为位移第二点如图 3－59 所示

步骤 2：按 Enter 键或者单击鼠标右键，即可结束命令。绘制得到的图形如图 3－60 所示。

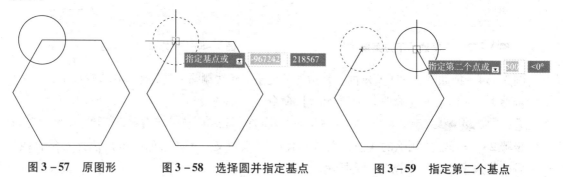

图 3－57　原图形　　　　图 3－58　选择圆并指定基点　　　　图 3－59　指定第二个基点

2）复制多个对象。

上面介绍的方法只能复制一个图形对象。要复制多个相同的图形，可以按此方法多次执行单个实体操作，但是这样较为复杂。因此，【复制】命令又提供了一次复制多个图形的功能。

例 3－16　在如图 3－57 所示的正六边形的其余五个端点上复制一个圆，其具体操作步骤如下：

步骤 1：单击"修改"工具栏上的"复制图形" ⚙ 按钮，命令行提示指定复制对象，选择圆为复制对象。选择圆心为复制基点，然后依次选择正六边形的另五个点复制圆。

步骤 2：按 Enter 键或者单击鼠标右键，即可结束命令。绘制得到的图形如图 3－61 所示。

> 命令：_ copy
> 选择对象：找到 1 个
> 选择对象：
> 当前设置：复制模式 = 多个

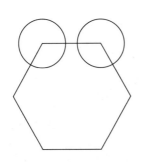

图 3－60　复制单个图形

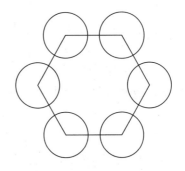

图 3－61　复制多个图形

指定基点或〔位移(D)/模式(O)〕〈位移〉：

指定第二个点或〔阵列(A)〕〈使用第一个点作为位移〉：

指定第二个点或〔阵列(A)/退出(E)/放弃(U)〕〈退出〉：

指定第二个点或〔阵列(A)/退出(E)/放弃(U)〕〈退出〉：

指定第二个点或〔阵列(A)/退出(E)/放弃(U)〕〈退出〉：

指定第二个点或〔阵列(A)/退出(E)/放弃(U)〕〈退出〉

（2）【编辑】菜单下复制对象。

【编辑】菜单下各复制对象必须和该菜单下的"粘贴"和"粘贴为块"同时使用。

1）【剪切】命令。

a. 下拉菜单：【编辑】→【剪切】。

b. 命令行：CUT CLIP。

c. 工具栏："剪切" ✄ 按钮。

2）【复制】命令。

下拉菜单：【编辑】→【复制】。

a. 命令行：COPY CLIP。

b. 工具栏："复制" 🗋 按钮。

c. 快捷键：Ctrl + C。

注意：在使用【剪切】和【复制】功能复制对象时，已复制到目的文件的对象与源对象毫无关系，源对象的改变不会影响复制后得到的对象。

3）【带基点复制】命令。

下拉菜单：【编辑】→【带基点复制】。

a. 命令行：COPY BASE。

b. 快捷键：Ctrl + Shift + C。

4）【粘贴】命令。

下拉菜单：【编辑】→【粘贴】。

a. 命令行：PASTE CLIP。

b. 工具栏："粘贴" 🗋 按钮

c. 快捷键：Ctrl + V。

5）粘贴为块。

a. 下拉菜单：【编辑】→【粘贴为块】。

b. 命令行：PASTE BLOCK。

c. 快捷键：Ctrl + Shift + V。

将复制到剪贴板的对象作为块粘贴到图形中指定的插入点。

3. 移动

该命令是在不改变对象大小和方向的前提下，将对象从一个位置移动到另一个位置。多用于把单个对象或多个对象从它们当前的位置移至新位置，它有两种平移方法，即基点法和相对位移法。

在执行该命令过程中，系统会提示指定位移的基点，然后根据此基点指定所选对象的位移距离即可。

执行【移动】命令的方式有以下三种：

1）菜单命令：选择【修改】→【移动】命令。

2）工具栏：单击"修改"工具栏中的"移动" ✛ 按钮。

3）命令行：输入"MOVE"或"M"。

当选择【修改】→【移动】命令时，先选中要移动的对象，单击鼠标右键或按 Enter 键，然后命令行出现下列提示：

指定基点或【位移（D）】〈位移〉：

如果通过鼠标单击或以键盘输入形式给出了基点坐标，则命令行将提示下列信息：

指定第二个点或〈使用第一个点作为位移〉：

直接按 Enter 键，则所给出的基点坐标值就被作为偏移量，也就是将该点作为原点（0，0），然后将图形相对于该点移动由基点设置的偏移量。

例 3 - 17 如图 3 - 62 所示，把左边的圆以圆心为基点移至正六边形右侧端点上，具体操作步骤如下：

步骤 1：选择菜单【修改】→【移动】命令。然后选择原图中光标所指的圆，选定的图形呈虚线，选定圆心为基点。如图 3 - 63 所示。

命令：MOVE

选择对象：找到 1 个

选择对象：

步骤 2：拖动图形向右拉，第二点选择正六边形右侧端点。如图 3 - 64 所示。

指定第二个点或〈使用第一个点作为位移〉：

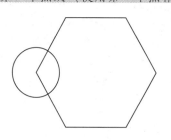

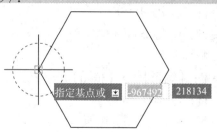

图 3 - 62 原图形　　　　　　　　　图 3 - 63 选定圆与基点

步骤3：单击鼠标左键确定移动的图形，如图 3 – 65 所示。

图 3 – 64　移动并选择第二个基点　　　　　　　图 3 – 65　移动图形

4. 旋转

该命令可把选中的对象在指定的方向上旋转指定的角度。执行【旋转】命令的方法可以有以下三种：

1）菜单命令：选择【修改】→【旋转】命令。

2）工具栏：单击"修改"工具栏中的"旋转" ⟳ 按钮。

3）命令行：输入"ROTATE"或"RO"。

选择以上的任一种方法，执行【旋转】命令后，AutoCAD 将会提示：

ucs 当前的正角方向：ANGDIR = 逆时针　ANGBASE = O

此提示说明当前的正角度方向为逆时针方向，0 角度方向与 X 轴正方向的夹角为 0°，即 X 轴正方向为 0°方向（用户可设置正方向和 0°方向）。按 Enter 键后，"选择对象"提示用户，选择要旋转的对象，在此提示下选择对象后，AutoCAD 继续以下提示：

选择对象：找到 1 个
指定基点：
指定旋转角度，或【复制(c)/参照(R)】〈O〉

命令行提示项的含义如下：

1）指定旋转角度：直接输入旋转的角度。

2）复制：创建要旋转的选定对象的副本。

3）参照：使对象参照当前方位来旋转，指定当前方向作为参考角或通过指定要旋转的直线的两个端点来指定参考角，然后指定新的方向。

例 3 – 18　下面介绍一下如何旋转图形，将如图 3 – 66 所示的图形旋转 45°。其具体操作步骤如下：

步骤1：选择菜单【修改】→【旋转】命令。

命令：ROTATE
ucs 当前的正角方向：　ANGDIR = 逆时针 ANGBASE – O

步骤2：选择要旋转的图形，框选整个图形，线条呈虚线，并选择椭圆中心点为基点。如图 3 – 67（a）所示。

选择对象：指定对角点：找到 5 个
选择对象：

步骤3：输入旋转角度 45°，单击鼠标左键。旋转后的效果如图 3 – 67（b）所示。

指定旋转角度，或【复制(c)/参照(R)】〈0〉： 45°

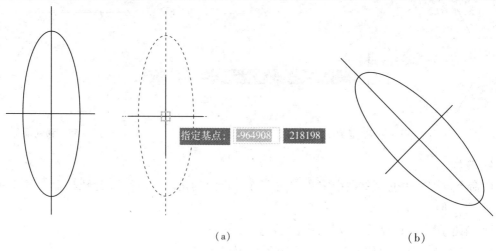

(a)   (b)

图 3 - 66   原图形   图 3 - 67   旋转图形

(a) 选择旋转图形并指定基点；(b) 旋转 45°图形

3.3.3   偏移、镜像、缩放、拉伸基本操作

1. 偏移

偏移对象是指保持选择对象的基本起点和方向不变，在不同的位置新建一个对象。偏移的对象可以是直线段、射线、圆弧、圆、椭圆弧、椭圆、二维多段线和平面上的样条曲线等。

使用该"偏移"命令要注意：只能以直接拾取方式选择对象。如果用给定偏移距离方式复制对象，距离值必须大于零；如果给定的距离值或要通过点的位置不合适，或者指定的对象不能由"偏移"命令确认，AutoCAD 将会给出相应提示。对不同的对象执行"偏移"命令后产生的效果是不同的。

偏移对象执行方式有以下三种方法：

1）菜单命令：选择【修改】→【偏移】命令。

2）工具栏：单击"修改"工具栏中的"偏移" ⟁ 按钮。

3）命令行：在命令行中输入"OFFSET"。

选择以上方法中的任一种，都可执行偏移命令，AutoCAD 命令行将出现下列信息提示：

指定偏移距离或 [通过(T)/删除(E)/图层(L)]〈当前值〉：//输入要偏移的距离

选择要偏移的对象，或 [退出(E)/放弃(U)]〈退出〉：//选择对象

指定要偏移的那一侧上的点，或 [退出(E)/多个(M)/放弃(U)]〈退出〉：//在要偏移的那一侧上单击

选择要偏移的对象，或【退出(E)/放弃(U)】〈退出〉：//按 Enter 键结束

例 3 - 19   下面我们介绍一下如何偏移图形，将如图 3 - 66 所示的椭圆短轴向上、向下各偏移 700，长轴向左、向右各偏移 250。其具体操作步骤如下：

步骤 1：选择菜单【修改】→【偏移】命令。选择长轴线段，输入偏移距离 250，选择长轴线段并拖动鼠标向左单击鼠标左键，再拖动鼠标向右单击鼠标左键。如图 3 – 68 所示。

命令：_ OFFSET

当前设置：删除源 = 否　图层 = 源　OFFSETGAPTYPE = 0

指定偏移距离或 [通过 (T)/删除 (E)/图层 (L)]〈通过〉：250

选择要偏移的对象，或 [退出 (E)/放弃 (U)]〈退出〉：选择长轴线段

指定要偏移的那一侧上的点，或 [退出 (E)/多个 (M)/放弃 (U)]〈退出〉：

选择要偏移的对象，或 [退出 (E)/放弃 (U)]〈退出〉：

指定要偏移的那一侧上的点，或 [退出 (E)/多个 (M)/放弃 (U)]〈退出〉：

选择要偏移的对象，或 [退出 (E)/放弃 (U)]〈退出〉：

步骤 2：选择短轴线段，输入偏移距离 700，选择短轴线段并拖动鼠标向上单击鼠标左键，再拖动鼠标向下单击鼠标左键。如图 3 – 69 所示。

命令：

OFFSET

当前设置：删除源 = 否　图层 = 源　OFFSETGAPTYPE = 0

指定偏移距离或 [通过 (T)/删除 (E)/图层 (L)]〈250〉：700

选择要偏移的对象，或 [退出 (E)/放弃 (U)]〈退出〉：选择短轴线段

指定要偏移的那一侧上的点，或 [退出 (E)/多个 (M)/放弃 (U)]〈退出〉：

选择要偏移的对象，或 [退出 (E)/放弃 (U)]〈退出〉：

指定要偏移的那一侧上的点，或 [退出 (E)/多个 (M)/放弃 (U)]〈退出〉：

选择要偏移的对象，或 [退出 (E)/放弃 (U)]〈退出〉：

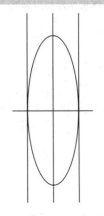

图 3 – 68　长轴偏移示例

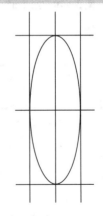

图 3 – 69　短轴偏移示例

2. 镜像

镜像是指一个图形沿一条镜像线进行对称复制。

镜像对象执行方式有以下三种方法：

1）菜单命令：选择【修改】→【镜像】命令。

2）工具栏：单击"修改"工具栏上的"镜像"　按钮。

3）命令行：在命令行中输入"MIRROR"。

在执行该命令时，用户需要选择要镜像的对象，然后再指定镜像线上的两个端点，这时命令提示行将会显示"是否删除原对象？[是(Y)/否(N)]〈N〉:"信息。系统默认的是不删除原对象。如果按 Enter 键，则镜像复制对象，并保留原来的对象；如果输入"Y"，则镜像复制对象，但删除原有的对象。

在 AutoCAD 中，使用系统变量 MIRRTEXT 可以控制文字对象的镜像方向。如果 MIRRTEXT 的值为 0，则文字对象的方向不镜像；如果 MIRRTEXT 的值为 1，则文字对象完全镜像。

例 3 – 20　下面我们介绍一下如何镜像图形，将如图 3 – 70 所示的圆弧和小圆沿矩形竖直中线镜像。其具体操作步骤如下：

> 命令：_ MIRROR
> 选择对象：指定对角点：找到 2 个
> 选择对象：
> 指定镜像线的第一点：指定镜像线的第二点：（如图 3 –71 所示）
> 要删除源对象吗？[是(Y)/否(N)]〈N〉:（如图 3 – 72 所示）

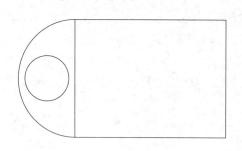

图 3 –70　原图形

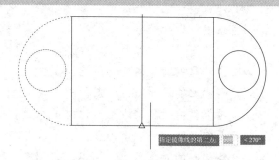

图 3 –71　选择镜像线矩形竖直中线

图 3 – 72　镜像后图形示例

3. 缩放

"缩放"命令用于将指定对象按相同的比例沿 X、Y 轴放大或缩小，是将所选的图形进行统一的按比例缩放。

缩放对象的执行方式有以下三种：

1）菜单命令：选择【修改】→【缩放】命令。

2）工具栏：单击"修改"工具栏中的"缩放" 按钮。

3）命令行：在命令提示符后输入"Scale"或"Sc"命令。

使用以上的任一种方法，执行"缩放"命令后，在命令行会显示以下提示信息：

```
命令：Scale
选择对象：                  //选择要缩放的对象
指定基点：                  //输入要缩放的基点坐标或在屏幕上单击
指定比例因子或 [复制(c)/参照(R)] 〈1.0000〉: //输入要缩放的比例
```

命令行提示项的含义如下：

1）比例因子：指定比例系数，按此比例系数缩放选定的图形。比例系数大于 1 则把图形放大，比例系数介于 0～1 之间则把图形缩小。

2）复制：创建要缩放的选定对象的副本。

3）参照：指定参照长度和新的长度，并按照这两个长度的比例缩放选定的图形。

例 3-21　下面我们通过实例介绍缩放功能，把如图 3-73 所示的图形右侧的小圆放大 2 倍。具体操作步骤如下：

步骤 1：选择菜单【修改】→【缩放】命令。

```
命令：scale
```

步骤 2：选择缩放的图形，这里选择右侧小圆缩放，选中的图形变成虚线，如图 3-74 所示。

```
选择对象：找到 1 个
选择对象：
```

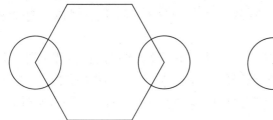

图 3-73　原图形

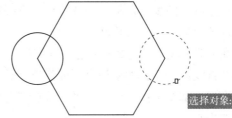

图 3-74　选择缩放图形

步骤 3：选定缩放的图形后，要选择一个基点，这里选择圆心为基点，如图 3-75 所示。

```
指定基点：
```

图 3-75　指定基点　　　　　　　　　　图 3-76　缩放后图形示例

步骤 4：输入缩放的比例"2"后，按 Enter 键执行缩放操作，得到缩放后的效果，如图 3-76 缩放后图形示例所示。

```
指定比例因子或 [复制(c)/参照(R)] 〈1.0000〉: 2
```

4. 拉伸

"拉伸"是将图形中的线段随意拉长或缩短。"拉伸"命令可以拉长选中的对象，使对象的形状发生改变，但不会影响没有被拉伸部分。选择对象时，与选择窗口相交的对象将被拉伸，窗口外的对象保持不变，完全在窗口内的对象将发生移动。

"拉伸"对象的执行方式有以下三种：

1）菜单命令：选择【修改】→【拉伸】命令。

2）工具栏：单击"修改"工具栏中的"拉伸" ▧ 按钮。

3）命令行：在命令提示符后输入"stretch"命令。

选择以上任一种方式，执行【拉伸】命令后，AutoCAD 提示如下信息：

```
命令：stretch
以交叉窗 L1 或交叉多边形选择要拉伸的对象…
选择对象：
```

上面的提示表明，此时只能以交叉窗口方式或交叉多边形方式（即不规则交叉窗口方式）选择对象，所以应在"选择对象："提示下输入"C"（即交叉窗口方式）或"CP"（不规则交叉窗口方式）后按 Enter 键，然后根据提示选择对象。如输入"C"后按 Enter 键，AutoCAD 将会提示如下信息：

```
指定基点或 [位移(D)] 〈位移〉：
指定第二个点或 〈使用第一个点作为位移〉：
```

执行完以上两步后，AutoCAD 将位于选择窗口内的对象进行移动；将与窗口边界相交的对象按规则拉伸、压缩或移动。

当在"选择对象："提示下选择对象时，对于由【直线】、【圆弧】和【多段线】等命令绘制的直线或圆弧，如果整个图形都位于选择窗口内，执行的结果则是对它们进行移动。如果图形的一端在选择窗口内，另一端在选择窗口外，即对象与选择窗口的边界相交，则有以下拉伸规则：

1）线：位于窗口外的端点不动，位于窗口内的端点移动。此移动会造成直线的改变。

2）圆弧：同直线相类似，但在圆弧改变过程中，圆弧的弦高保持不变，同时由此来调整圆心的位置和圆弧的起始角、终止角的值。

3）多段线：同直线和圆弧相似，但多段线两端的宽度、切线方向以及曲线拟合信息都不改变。

4）其他对象：如果对象的定义点位于选择窗口内，则对象发生移动，否则不移动。

例 3 – 22 下面我们通过实例介绍拉伸功能，还以图 3 – 73 所示原图形为例。把原图形以竖向中线右半部分拉伸。具体操作步骤如下：

步骤 1：选择菜单【修改】→【拉伸】命令。

```
命令：_ Stretch
以交叉窗口或交叉多边形选择要拉伸的对象...
```

步骤 2：选择拉伸的图形，这里选择单击图形右下角向左上方拖动鼠标用窗交选择，选中的图形变成虚线，如图 3 – 77 所示。

```
选择对象：指定对角点：找到 2 个
```

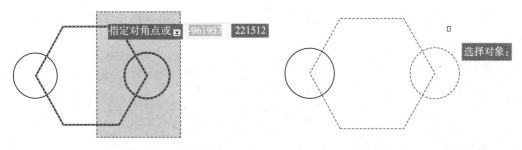

图 3 - 77　用窗交选择拉伸图形

步骤 3：选择拉伸的图形的基点，这里选择右侧小圆的圆心，如图 3 - 78 所示。

指定基点或［位移（D）］〈位移〉：

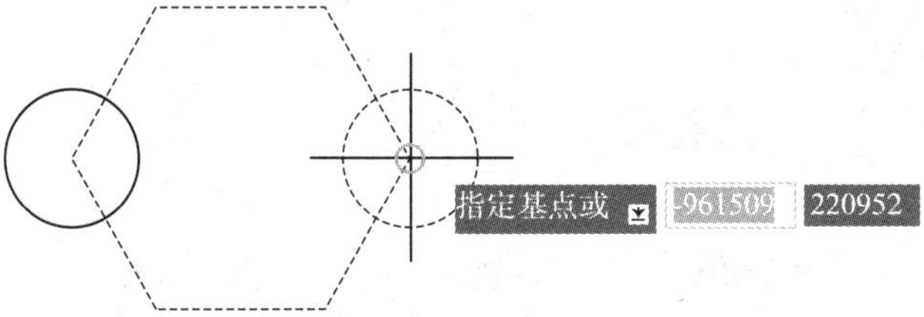

图 3 - 78　选择拉伸基点

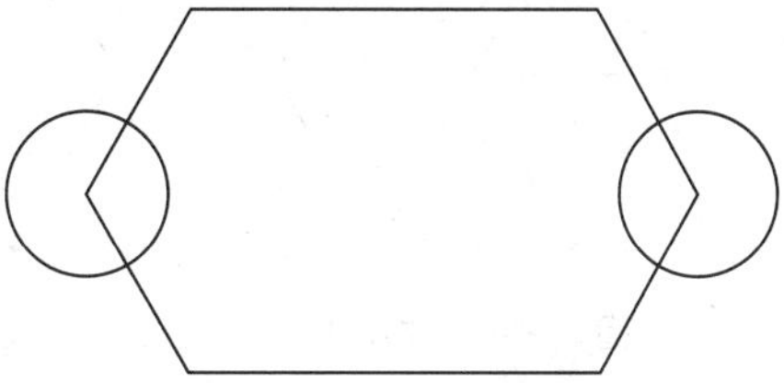

图 3 - 79　拉伸图形示例

步骤 4：向右拖动鼠标，输入位移 500，按鼠标右键。如图 3 - 79 所示。

指定第二个点或〈使用第一个点作为位移〉：500

3.3.4　修剪、延伸、阵列基本操作

1. 修剪

"修剪"命令以某个图形为修剪边，去修剪其他图形。可被修剪的图形包括直线、二维和三维多段线、构造线、射线及样条曲线、圆、圆弧、椭圆弧等。有效的修剪边界可以是直线、二维和三维多段线、圆弧、圆、椭圆、浮动视口、参照线、射线、面域、样条曲线及文字等。

"修剪"对象的执行方式方法有以下三种：

1）菜单命令：选择【修改】→【修剪】命令。

2）工具栏：单击"修改"工具栏中的"修剪" -/-- 按钮。

3）命令行：在命令提示符后输入"Trim"命令或"Tr"。

例 3 - 23　下面具体介绍修剪实例，如图 3 - 80 所示，用正六边形一条横向对角线把其余两条对角线下半部分切掉。具体操作步骤如下：

步骤 1：选择菜单【修改】→【修剪】命令，选择切线，如图 3 - 81 所示。

命令：_ Trim

当前设置：投影 = UCS，边 = 无

选择剪切边 …

选择对象或〈全部选择〉：找到 1 个

步骤2：直接按 Enter 键，然后选择需要修剪的线段，单击鼠标左键进行修剪操作。如图 3 - 82 所示。

选择要修剪的对象，或按住 Shift 键选择要延伸的对象，或
[栏选(F)/窗交(C)/投影(P)/边(E)/删除(R)/放弃(U)]：
选择要修剪的对象，或按住 Shift 键选择要延伸的对象，或
[栏选(F)/窗交(C)/投影(P)/边(E)/删除(R)/放弃(U)]：
选择要修剪的对象，或按住 Shift 键选择要延伸的对象，或
[栏选(F)/窗交(C)/投影(P)/边(E)/删除(R)/放弃(U)]：

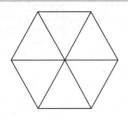 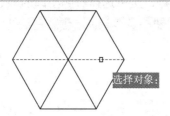 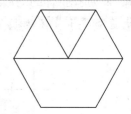

图 3 - 80　原图形　　　　图 3 - 81　选择切线　　　　图 3 - 82　修剪后图形示例

2. 延伸

"延伸"命令以某个图形为边，将另一个图形延长到此边界上。可延伸的图形包括直线、圆弧、椭圆弧、开放的二维和三维多线段和射线，可作为延伸边界的对象包括直线、圆弧、椭圆弧、圆、椭圆、二维和三维多线段、射线、构造线、面域、样条曲线、字符串或浮动视口。

延伸对象执行方法有以下三种：

1）菜单命令：选择【修改】→【延伸】命令。

2）工具栏：单击"修改"工具栏中的"延伸" --/ 按钮。

3）命令行：在命令提示符后输入"Extend"命令。

使用"延伸"命令可以把直线、弧和多线段等对象的端点延长到指定的边界。在操作过程中，需要确定延伸的边界对象，再选择要延伸的对象。

例 3 - 24　下面我们以一个实例来介绍"延伸"的功能，如图 3 - 83 所示，把水平线段上方的三条线段，延伸到水平线上。具体操作步骤如下：

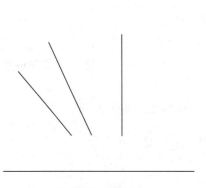 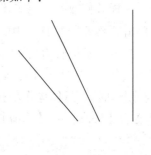

图 3 - 83　原图形　　　　　　　　图 3 - 84　选择边界线

步骤 1：选择菜单【修改】→【延伸】命令。选择水平直线段作为边界线按鼠标右键。如图 3－84 所示。

```
命令：_ Extend
当前设置：投影 =UCS，边 = 无
选择边界的边 ...
选择对象或〈全部选择〉：找到 1 个
```

步骤 2：用“窗交”选延伸的部分，选中部分的线段会呈虚线，按鼠标右键结束。如图 3－85 所示。

```
选择对象：
选择要延伸的对象，或按住 Shift 键选择要修
剪的对象，或栏选(F) /窗交(C) /投影(P)
[ /边(E)/放弃(U)]：指定对角点：
选择要延伸的对象，或按住 Shift 键选择要修
剪 [的对象,或栏选(F)/窗交(C)/投影(P)]：
/边 (E) /放弃 (U)
```

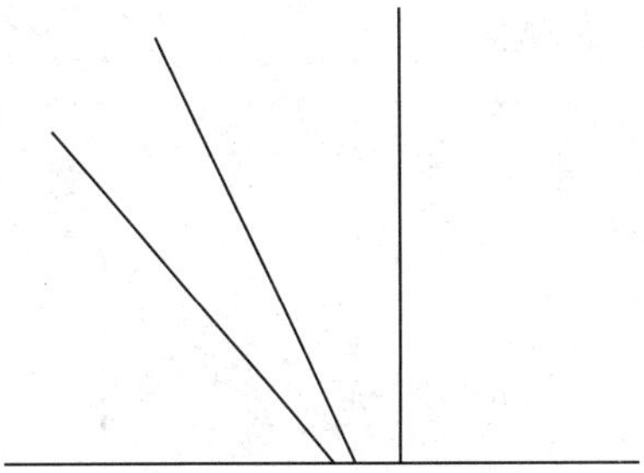

图 3－85　延伸后的图形

3. 阵列

“阵列”命令可以一次将所选择的实体复制成多个相同的实体。阵列后的对象并不是一个整体，可对其中的每一个实体进行单独编辑。阵列操作可以分为矩形阵列和环行阵列两种。

阵列图形的执行方式有以下三种：

1）菜单命令：选择【修改】→【阵列】命令。

2）工具栏：单击“修改”工具栏中的“阵列” 按钮。

3）命令行：在命令行中输入“ARRAY”或“AY”。

用上述任意一种方式执行【阵列】命令后，AutoCAD 将会弹出“阵列”对话框，如图 3－86 所示。利用此对话框可以直观地进行“矩形”或“环形”阵列设置。系统默认“矩形阵列”。其中行距、列距和阵列角度的值的正负性，将影响将来的阵列方向。行距和列距为正值时将使阵列沿 X 轴或者 Y 轴正方向阵列复制对象。阵列角度为正值则沿逆时针方向

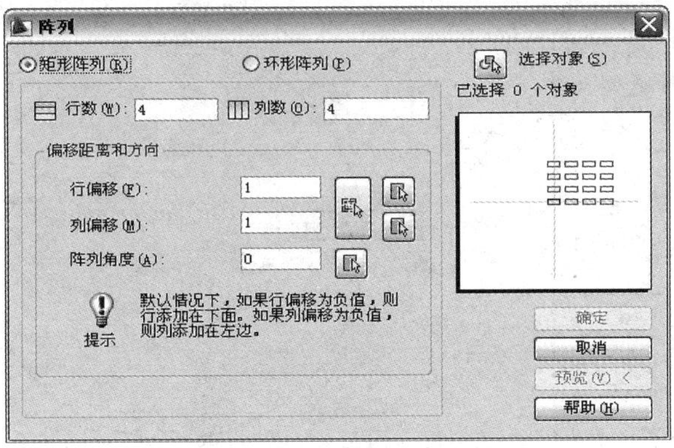

图 3－86　“阵列”对话框

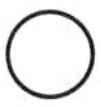

图 3－87　原图形

阵列复制对象，负值则相反。如果是通过单击按钮在绘图窗口中设置偏移距离和方向，则给定点的前后顺序将确定偏移的方向。

（1）矩形阵列。

例 3 – 25 下面我们以一个实例来介绍"矩形阵列"的功能，如图 3 – 87 所示，进行矩形阵列。具体操作步骤如下：

步骤 1：选择菜单【修改】→【阵列】命令，打开"阵列"对话框，在对话框中输入行数：3；列数：5；行偏移：800；列偏移：1000。如图 3 – 88 所示。

```
命令：_ ARRAY
选择对象：找到 1 个
选择对象：
```

图 3 – 88　设置"阵列"对话框　　　　　　　　图 3 – 89　矩形阵列图示例

步骤 2：设置完毕后，单击"选择对象"按钮，选择"小圆"为阵列对象，然后单击"确定"按钮完成阵列，如图 3 – 89 所示。

（2）环形阵列。

使用"阵列"命令以环形阵列方式复制对象时，通过围绕圆心复制选定的对象来创建阵列。以环形阵列方式复制对象时，需要指定阵列所围绕的中心点位置，以及所要复制的数目和旋转角度等。

单击"阵列"对话框中的"环形阵列"按钮，AutoCAD 将切换到环形阵列模式，如图 3 – 90 所示。

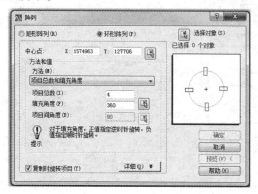

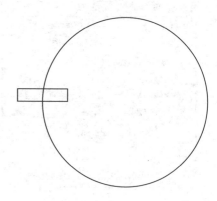

图 3 – 90　"环形阵列"对话框　　　　　　　图 3 – 91　环形阵列原图形

"环形阵列"中的主要选项功能如下：

1）"方法和值"：用于确定环形阵列的具体方法和相应数据。

2）"方法"：用于确定环形阵列的方法。可通过下拉列表在"项目总数和填充角度""项目总数和项目间角度"以及"填充角度和项目间角度"之间选择。

3）"项目总数"：确定环形阵列后的项目总数。

4）"填充角度"：环形阵列时要填充的角度。

5）"项目间角度"：各项目之间的夹角。

6）"复制时旋转项目"：用来确定环形阵列对象时对象本身是否绕其基点进行旋转。

7）"选择对象"按钮：用于选择环形阵列对象。单击"选择对象"按钮，AutoCAD 将临时切换到绘图屏幕并提示：

选择对象：

在此提示下，选择对象后按 Enter 键，将返回到"环形阵列"对话框。

例 3-26　下面我们以一个实例来介绍"环形阵列"的功能，如图 3-91 所示，设置环形阵列。具体操作步骤如下：

步骤 1：选择菜单【修改】→【阵列】命令，打开"阵列"对话框。在该对话框中单击"环形阵列"按钮，切换到"环形阵列"对话框，输入参数："项目总数"设为 8；"填充角度"设为 360。单击"中心点"按钮，选择大圆圆心为中心点。如图 3-92 所示。

命令：_ ARRAY
指定阵列中心点：

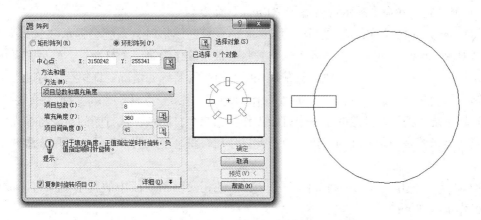

图 3-92　环形阵列参数设置及中心点选择示例

步骤 2：单击"选择对象"按钮，选择"矩形"为阵列对象如图 3-93 所示。

选择对象：

步骤 3：设置完成后，单击"确定"按钮结束环形阵列操作，得到阵列效果如图 3-94 所示。

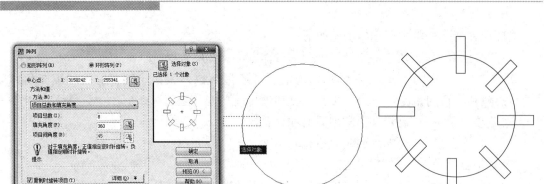

图 3 – 93　环形阵列选择对象示例　　　　　　图 3 – 94　环形阵列

3.3.5　打断、合并、倒角、圆角基本操作

1. 打断

"打断"命令用于删除图形中的一部分或将一个图形分成两部分。命令可用于直线、构造线、射线、圆弧、圆、椭圆、样线条、实心圆环、填充多边形以及二维或三维多段线等。

打断对象的执行方式有以下三种：

1）菜单命令：选择【修改】→【打断】命令。

2）工具栏：单击"修改"工具栏中的 ▭ 按钮（用于从某一点把对象一分为二）或 ▭ 按钮（用于删除对象上的一部分）。

3）命令行：在命令提示符后输入"Break"命令。

执行此命令时要注意：一是当使用 Break 命令打断图形时，系统会提示"选择对象:"，在选择对象的同时，鼠标单击对象上的位置将会被系统作为第一个打断点，然后在系统提示下指定第二个打断点；二是当执行打断操作时，有一种特殊的情况，即第二个打断点与第一个打断点为同一点，这时可在"指定第二个打断点或［第一点（F）］:"提示下直接按 Enter 键，这样系统将把用户指定的第一个打断点作为第二个打断点，被打断的对象将被无间距分离，也就是指若是一条连续的线段，执行此操作后，将会变成两条线段，但用肉眼并不能识别其是否断开。

例 3 – 27　使用打断功能将如图 3 – 95 所示的相交两条线段中的其中一条打断成两段，具体操作步骤如下：

步骤 1：选择菜单【修改】→【打断】命令，选择打断的线段。

命令：Break 选择对象：

步骤 2：输入 F 重新设置打断的第一个点，并以两条线段的交点为中心点，沿所选择线段，交点左侧选一点，右侧选一点。如图 3 – 96 所示。

指定第二个打断点或【第一点（F）】：F
指定第一个打断点：

步骤 3：选中第二个点，按鼠标左键，完成打断。如图 3 – 97 所示。

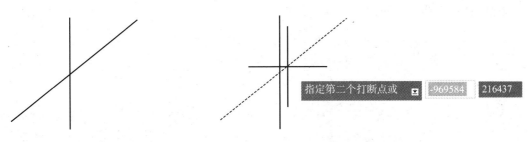

图 3 - 95 打断原图形   图 3 - 96 选择打断第一点和第二点

2. 合并

"合并"可以将一条分为两截的线段合并为一条线段。合并
命令的执行方式有以下三种：

1）菜单命令：选择【修改】→【合并】命令。

2）工具栏：单击"修改"工具栏中的 ⊷ 按钮。

3）命令行：在命令提示符后输入"join"命令。

例 3 - 28 将如图 3 - 98 所示的图形合并，具体操作方法   图 3 - 97 打断图形示例
如下：

步骤 1：选择菜单【修改】→【合并】命令。

命令： -join 选择源对象：

步骤 2：选择两段线段后，按鼠标右键合并线段，完成合并。如图 3 - 99 所示。

选择要合并的对象：找到 1 个，总计 2 个
选择要合并的对象：
已将 1 个圆弧合并到源

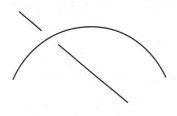

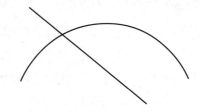

图 3 - 98 合并原图形   图 3 - 99 合并后图形示例

3. 倒角

在工程绘图中，有时根据绘图需要，对图形进行倒角设置。只要两条直线相交于一点或
者延伸后相交于一点，就可以利用"倒角"命令绘制这两条直线的倒角。

倒角命令的执行方式有以下三种：

1）菜单命令：选择【修改】→【倒角】命令。

2）具栏：单击"修改"工具栏中的 ◻ 按钮。

3）命令行：在命令提示符后输入"Chamfer"。

在使用"倒角命令"倒角对象前，应先设置倒角线的距离，再进行倒角操作。

例 3 - 29 对如图 3 - 100 所示的矩形进行倒角操作，具体操作步骤如下：

步骤 1：选择菜单【修改】→【倒角】命令。

命令：_ Chamfer
（"修剪"模式）当前倒角距离 1 = 1，距离 2 = 1

步骤 2：输入 "D"，重新设置距离，设置距离均为 100。

选择第一条直线或 [放弃(U)/多段线(P)/距离(D)/角度(A)/修剪(T)/方式(E)/多个(M)]：D
指定　第一个　倒角距离〈1〉：100
指定　第二个　倒角距离〈100〉：100

步骤 3：四个角进行倒角，只要选择需要倒角的两条边即可，如图 3 - 101 所示。

选择第一条直线或 [放弃(U)/多段线(P)/距离(D)/角度(A)/修剪(T)/方式(E)/多个(M)]：
选择第二条直线，或按住 Shift 键选择直线以应用角点或 [距离(D)/角度(A)/方法(M)]：

图 3 - 100　倒角原图形

图 3 - 101　倒角后图形示例

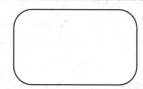

图 3 - 102　圆角后图形示例

4. 圆角

"圆角"命令是指给图形的边加指定半径的圆角。其原图形可以是圆弧、圆、直线、椭圆弧、多段线、射线、参照线或样条曲线。

圆角命令的执行方式有以下三种：

1）菜单命令：选择【修改】→【圆角】命令。

2）工具栏：单击"修改"工具栏中的 按钮。

3）命令行：在命令提示符后输入 "Fillet" 命令。

使用圆角命令可以通过一个指定半径的圆弧光滑地连接对象。利用此命令操作实体时，应先设定圆角弧的半径，再进行圆角操作。

执行圆角命令后，系统提示如下信息：

选择第一个对象或 [放弃(U)/多段线(P)/半径(R)/角度(A)/修剪(T)/多个(M)]：

此提示中各选项的含义如下：

1）选择第一个对象：在此提示下选择第一个图形对象。此对象用来定义二维圆角的两个对象之一，或需要圆角的三维实体的边。

2）多段线：在二维多段线中两条线段相交的每个顶点处插入圆角弧。

3）半径：用来定义圆角弧的半径。

4）修剪：控制"圆角"命令是否修剪选定边，使其缩至圆角端点。

5）多个：对多个图形分别进行多次圆角处理。

例 3 - 30　圆角的操作方式与倒角相似，我们以具体的操作来区分两种功能的不同。这里还是以如图 3 - 100 所示倒角原图形为例，具体操作步骤如下：

步骤 1：选择菜单【修改】→【圆角】命令。

命令：_ Fillet
当前设置：模式 = 修剪，半径 = 0

步骤 2：输入"r"后，设置半径值为 150，按鼠标右键。

选择第一个对象或 [放弃(U)/多段线(P)/半径(R)/修剪(T)/多个(M)]：r
指定圆角半径〈0〉：150

步骤 3：选择四个角进行倒圆角，圆角完成如图 3 – 102 所示。

选择第一个对象或 [放弃(U)/多段线(P)/半径(R)/修剪(T)/多个(M)]：
选择第二个对象，或按住 Shift 键选择对象以应用角点或 [半径(R)]：

3.3.6　对象特性

对象特性包括一般的特性和几何特性。对象的一般特性包括对象的线型、线宽及颜色等；几何特性包括对象的尺寸和位置。用户可以直接在"特性"窗口中设置和修改对象的这些特性，操作简单、快捷，能提高绘图效率。

1. "特性"窗口

特性命令的执行方式方法有以下三种：

1）菜单命令：选择【修改】→【特性】命令。

2）菜单命令：选择【工具】→【选项板】→【特性】命令。

3）工具栏：单击"修改"工具栏中的 ▣ 按钮。

执行上述任意方式都可以打开"特性"窗口，如图 3 – 103 所示。

AutoCAD"特性"窗口在默认的情况下处于浮动状态，处于浮动状态的"特性"窗口可以根据绘图需要随意拖放在不同的位置，其标题显示的方向也不同。

在"特性"窗口的标题栏上单击鼠标右键，将弹出一个快捷菜单，如图 3 – 104 所示。用户可通过该快捷菜单确定是否隐藏窗口，是否在窗口内显示特性的说明部分，透明度设定，以及是否将窗口固定等设置。

如果在对象"特性"窗口快捷菜单中选择"自动隐藏"命令，那么在用户不使用对象"特性"窗口时，它会自动隐藏起来，只显示一个标题栏。单击"透明度（T）…"会弹出如图 3 – 105 所示对话框。通常系统默认不透明，通过拖动"透明"滑键来改变"特性"窗口在绘图区域的透明度。用户可以根据绘图需要设置。

2. "特性"窗口的功能

在对象"特性"窗口中显示了当前选择集中的所有特性和特性值，当选中多个对象时，将会显示它们的共有特性。用户可以通过它浏览图形对象特性，也可以通过它修改图形对象特性，使之成为满足第三方应用程序接口标准的对象。在使用"特性"窗口时，应注意以下几方面：

1）打开"特性"窗口，在没选中对象时，窗口将显示整个图纸的特性及它们的当前设置；当选择了一个对象后，窗口内将列出该对象的全部特性及当前设置；选择同一类型的多个对象，则窗口内列出对象的共有特性及当前设置；选择不同类型的多个对象，则窗口内只列出这些对象的基本特性及其当前设置，如图层、颜色、线型、线型比例、打印样式、线宽、超级链接及厚度等，如图 3 - 106 所示。

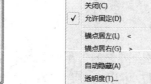

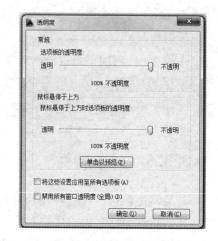

图 3 - 103　"特性"窗口　　　　图 3 - 104　右键快捷键菜单　　　图 3 - 105　透明度对话框

图 3 - 106　选择一个和多个对象的"特性"窗口

2）"特性"窗口不影响用户在 AutoCAD 环境中的工作，即打开"特性"窗口后用户仍可以执行 AutoCAD 命令，并进行各种操作。

3）"切换 PICKADD 系统变量值"按钮 ▦，单击该按钮可以修改 PICKADD 系统变量值，决定是否能选择多个对象进行编辑。

4）"选择对象"按钮 ，单击该按钮将切换到绘图窗口中，可以选择其他对象。

5）"快速选择"按钮 ，单击该按钮将打开"快速选择"对话框，可以快速创建用作编辑的选择集。

　　6）在"特性"窗口内双击对象特性栏，可以显示特性所有可取的值。

　　7）修改所选择对象的特性时，可以直接输入新值、从下拉表框中选择值、通过对话框改变参数值，或利用"选择对象"按钮在绘图区改变坐标值等。

 思考题

　　1. 绘制一个长轴为1000，短轴为600的椭圆。在 AutoCAD 中，如何将此椭圆转换成多线段？

　　2. 使用【修改】菜单下的"复制"命令和使用【编辑】菜单下的"复制"命令操作方法有何不同？

　　3. "拉伸"和"延伸"编辑命令有何不同？

　　4. 做图题，要求如下：

　　（1）新建3个图层，分别为图层1、图层2、图层3。

　　（2）在图层1中绘制一条长5000与水平夹角为60°的线段，并五等分该线段。图层颜色设为绿色；线型为实线。

　　（3）在图层2绘制一条多线，线宽为200，长度为3000。图层颜色设为黄色；线型为实线。

　　（4）在图层3中绘制一条多线段，如图3-107所示。图层颜色设为红色；线型为实线。

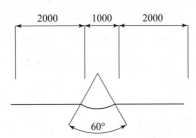

图3-107　多线段示例

第4章 电气图例符号 CAD 制图

电气图例是电气施工图最重要的组成部分，是绘制电气施工图的基础。虽然现在我们使用的各种电气制图软件都有图例，但所有软件里的图例都是在 CAD 基础上绘制的。有的软件图例比例偏大，有的软件图例比例偏小，还有的软件里没有我们所需要的图例，所以在实际绘制施工图时我们可能要修改图例的比例，还可能要添加一些我们需要的图例，所有这些都要用到最基本的建筑电气 CAD 软件操作。根据本人多年从事建筑电气施工图设计的经验，本章详细讲解了用 AutoCAD 绘图软件绘制照明平面图、消防平面图、弱电平面图等施工图中常用的、最基本的图例的绘制过程。

第1节 照明图例符号 CAD 制图

照明平面图所需的图例有各种灯具图例、插座图例、开关图例等。而最常用的、最基本的图例有：单管荧光灯、双管荧光灯、防水防潮灯、防爆灯、事故照明灯、疏散指示灯、安全出口标志灯、两孔插座、三孔插座、五孔插座、单联开关、双联开关、三两开关、四联开关、各种引线箭头符号和进线电缆头等。

4.1.1 照明、应急照明图例绘制

1. 单管荧光灯

图例及图例比例尺寸：

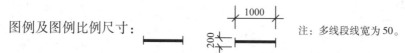

注：多线段线宽为 50。

图形主要由多线段和直线段组成，使用操作命令：【直线】【偏移】【多线段】。

操作步骤：

步骤 1：选择菜单【绘图】→【直线】命令，在图中先确定第一点，并将光标向下拉，在命令栏输入：200。

> 命令：_ Line 指定第一点
> 指定下一点或 [放弃 (U)]：200

按 Enter 键结束绘图操作得到长度为 200 的线段。

步骤 2：选择菜单【修改】→【偏移】命令，将垂直线段向右偏移 1000，如图 4 - 1 (a) 所示。

命令：＿ OFFSET 指定第一点

当前设置：删除源＝否　图层＝源　OFFSETGAPTYPE＝0

制定偏移距离或 ［通过(T)/删除(E)/图层(L)］〈通过〉：1000

选择偏移的对象，或 ［退出(E)/放弃(U)］〈退出〉：

指定要偏移的那一侧上的点，或 ［退出(E)/多个(M)/放弃(U)］〈退出〉：

选择偏移的对象，或 ［退出(E)/放弃(U)］〈退出〉：

步骤 3：选择菜单【绘图】→【多线段】命令，在步骤 2 所画直线段左侧指定中点位置，设定多线段宽度 50，然后指定直线段右侧中心位置，结果如图 4-1 (b) 所示。

命令：＿ PLine 指定第一点：左侧线段中点

指定下一点或 ［圆弧(A)/半宽(H)/长度(L)/放弃(U)/宽度(W)］〈通过〉：W

指定起点宽度 〈0.0000〉：50

定终点宽度 〈0.0000〉：50

指定右侧直线段中点

$$\begin{array}{cccc} | & | & \rule[0.5ex]{2cm}{0.4pt} \\ (a) & & (b) \end{array}$$

图 4-1　单管荧光灯示例

2. 双管荧光灯

图例及图例比例尺寸：　　注：多线段线宽为 50。

图形主要由多线段和直线段组成，使用操作命令：【直线】【多线段】【偏移】【移动】。

操作步骤：

步骤 1：选择菜单【绘图】→【直线】命令，操作过程同绘制单管荧光灯步骤 1，只是在命令栏输入"350"得到直线段。

步骤 2：选择菜单【修改】→【偏移】命令，操作过程同绘制单管荧光灯步骤 2，所得图如图 4-2 (a) 所示。

步骤 3：选择菜单【绘图】→【多线段】命令，设定多线段宽度 50，长度为 1000。

命令：＿ PLine 指定第一点：左侧线段中点

指定下一点或 ［圆弧(A)/半宽(H)/长度(L)/放弃(U)/宽度(W)］〈通过〉：W

指定起点宽度 〈0.0000〉：50

指定终点宽度 〈0.0000〉：50

输入长度 1000，按 Enter 键。

步骤 4：选择菜单【修改】→【偏移】命令，将上述水平多线段向下偏移 160，操作过程同绘制单管荧光灯步骤 2。如图 4-2 (b) 所示。

步骤 5：选择菜单【修改】→【移动】命令，将步骤 4 所得水平多线段移动到直线段之间，结果如图 4-2 (c) 所示。

命令：_ Move

选择对象：

指定基点或［位移(D)］〈位移〉：基点选择两段多线段首端垂直距离中点。

指定另一点：另一点选择两段直线段左侧线段中点。

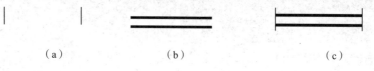

（a）　　　　　　（b）　　　　　　（c）

图 4－2　双管荧光灯示例

3. 防水防潮灯

图例及图例比例尺寸：

图形主要由圆、实心圆和直线段组成，使用操作命令：【直线】【圆】【圆环】【旋转】。实心圆也可以用【图案填充】命令。

操作步骤：

步骤 1：选择菜单【绘图】→【圆】命令，画一个半径为 250 的圆。如图 4－3（a）所示。

步骤 2：选择菜单【绘图】→【直线】命令，在圆上画两个水平和垂直的直径。如图 4－3（b）所示。

步骤 3：选择菜单【绘图】→【圆环】命令，以上述圆的圆心为圆心画内径为 0，外径为 300 的圆环。如图 4－3（c）所示。

步骤 4：选择菜单【修改】→【旋转】命令，把上述图形旋转 45°。如图 4－3 防水防潮灯示例（d）所示。

（a）　　　　　（b）　　　　　（c）　　　　　（d）

图 4－3　防水防潮灯示例

4. 单管防爆荧光灯

图例及图例比例尺寸：
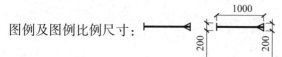

图形主要由多线段和组成，使用操作命令【多线段】。

操作步骤：

步骤 1：选择菜单【绘图】→【多线段】命令，可按如下步骤绘制，结果如图 4－4（a）所示。

```
命令：_ PLine
指定起点：
当前线宽为  10
指定下一个点或 [圆弧(A)/半宽(H)/长度(L)/放弃(U)/宽度(W)]：w
指定起点宽度〈10〉：20
指定端点宽度〈20〉：
指定下一个点或 [圆弧(A)/半宽(H)/长度(L)/放弃(U)/宽度(W)]：@ 0，- 200
```

步骤2：选择菜单【绘图】→【多线段】命令，可按如下步骤绘制，结果如图 4 - 4 (b) 所示。

```
命令：_ PLine
指定起点：以步骤1绘制的多线段中点为起点
当前线宽为  20
指定下一个点或 [圆弧(A)/半宽(H)/长度(L)/放弃(U)/宽度(W)]：w
指定起点宽度〈20〉：50
指定端点宽度〈50〉：
指定下一个点或 [圆弧(A)/半宽(H)/长度(L)/放弃(U)/宽度(W)]：@ 800，0
指定下一点或 [圆弧(A)/闭合(C)/半宽(H)/长度(L)/放弃(U)/宽度(W)]：200
指定下一点或 [圆弧(A)/闭合(C)/半宽(H)/长度(L)/放弃(U)/宽度(W)]：u
指定下一点或 [圆弧(A)/闭合(C)/半宽(H)/长度(L)/放弃(U)/宽度(W)]：w
指定起点宽度〈50〉：
指定端点宽度〈50〉：200
指定下一点或 [圆弧(A)/闭合(C)/半宽(H)/长度(L)/放弃(U)/宽度(W)]：@ 200，0
```

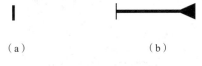

（a）   （b）

图 4 - 4 单管防爆荧光灯示例

5. 安全灯

图例及图例比例尺寸：　　　　　　　　　注：外圆线宽为 20。

图形主要由圆环直线段组成，使用操作命令【圆环】【直线】【偏移】【图案填充】等。

步骤1：选择菜单【绘图】→【圆环】命令，绘制内径为 460、外径为 500 的圆环。如图 4 - 5 (a) 所示。

```
命令：_ donut
指定圆环的内径〈460〉：460
指定圆环的外径〈500〉：500
指定圆环的中心点或〈退出〉：
```

步骤 2：选择菜单【绘图】→【直线】命令，起点和终点分别为圆环左端点和右端点。如图 4 – 5（b）所示。

> 命令：_ Line 指定第一点：（步骤 1 所绘制的圆环左端点）
>
> 指定下一点或〔放弃(U)〕：（步骤 1 所绘制的圆环右端点）

步骤 3：选择菜单【绘图】→【偏移】命令，将步骤 2 所绘制的直线上下各偏移 60。如图 4 – 5（c）所示。

> 命令：_ OFFSET
>
> 当前设置：删除源 = 否　图层 = 源　OFFSETGAPTYPE = 0
>
> 指定偏移距离或〔通过(T)/删除(E)/图层(L)〕〈通过〉：60
>
> 选择要偏移的对象，或〔退出(E)/放弃(U)〕〈退出〉：
>
> 指定要偏移的那一侧上的点，或〔退出(E)/多个(M)/放弃(U)〕〈退出〉：
>
> 选择要偏移的对象，或〔退出(E)/放弃(U)〕〈退出〉：
>
> 指定要偏移的那一侧上的点，或〔退出(E)/多个(M)/放弃(U)〕〈退出〉：

步骤 4：选择菜单【绘图】→【图案填充】命令，在执行此命令前，先把圆环直径线段删除。如图 4 – 5（d）所示。

> 命令：_ bhatch
>
> 拾取内部点或〔选择对象(S)/删除边界(B)〕：填充图案选择"STEEL"
>
> 正在选择所有可见对象…
>
> 正在分析所选数据…
>
> 正在分析内部孤岛…
>
> 拾取内部点或〔选择对象(S)/删除边界(B)〕：

（a）　　　　　（b）　　　　　（c）　　　　　（d）

图 4 – 5　安全灯示例

6. 聚光灯

图例及图例比例尺寸：

图形主要由直径是 500、线宽为 20 的半圆环和直径是 250 的圆以及两条垂直交叉的两条直线段组成，使用操作命令【圆环】【圆】【直线】【修剪】【旋转】等。

步骤 1：选择菜单【绘图】→【圆环】命令，绘制内径为 460、外径为 500 的圆环。如图 4 – 6（a）所示。

> 命令：_ donut
>
> 指定圆环的内径〈460〉：460
>
> 指定圆环的外径〈500〉：500

指定圆环的中心点或〈退出〉:

步骤 2: 选择菜单【绘图】→【圆】命令, 以圆环中心为圆心、半径为 125 绘制圆。如图 4 - 6 (b) 所示。

命令:
CIRCLE 指定圆的圆心或〔三点(3P)/两点(2P)/相切、相切、半径(T)〕:
指定圆的半径或〔直径(D)〕〈230〉: 125

步骤 3: 选择菜单【绘图】→【直线】命令, 起点分别为圆环的上端点和小圆的上端点与左端点, 终点分别为圆环的下端点和小圆的下端点与右端点。如图 4 - 6 (c) 所示。

命令: _ Line 指定第一点: 圆环上端点
指定下一点或〔放弃 (U)〕: 圆环下端点
指定下一点或〔放弃 (U)〕:
命令: _ Line 指定第一点: 小圆上端点
指定下一点或〔放弃 (U)〕: 小圆下端点
指定下一点或〔放弃 (U)〕:
命令: _ Line 指定第一点: 小圆左端点
指定下一点或〔放弃 (U)〕: 小圆右端点
指定下一点或〔放弃 (U)〕:

步骤 4: 选择菜单【绘图】→【修剪】命令, 用圆环直径把圆环右半部分删除, 并把圆环直径线段删除。如图 4 - 6 (d) 所示。

命令: _ trim
当前设置: 投影 = UCS, 边 = 无
选择剪切边 ...
选择对象或〈全部选择〉: 找到 1 个
选择对象:
选择要修剪的对象, 或按住 Shift 键选择要延伸的对象, 或
〔栏选(F)/窗交(C)/投影(P)/边(E)/删除(R)/放弃(U)〕:
选择要修剪的对象, 或按住 Shift 键选择要延伸的对象, 或
〔栏选(F)/窗交(C)/投影(P)/边(E)/删除(R)/放弃(U)〕:
命令: e
ERASE
选择对象: 找到 1 个

步骤 5: 选择菜单【绘图】→【旋转】命令, 把小圆以圆心为基点旋转 45°。如图 4 - 6 (e) 所示。

命令: _ rotate
UCS 当前的正角方向: ANGDIR = 逆时针 ANGBASE = 0
选择对象: 找到 1 个

选择对象：

指定基点：

指定旋转角度，或〔复制(C)/参照(R)〕〈45〉：45

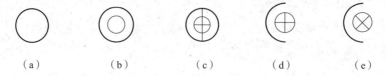

（a）　　　（b）　　　（c）　　　（d）　　　（e）

图 4 - 6　聚光灯示例

7. 事故照明灯

图例及图例比例尺寸：

图形主要由直径是 250 的圆和线宽为 20、长为 700 的两条垂直的多线段组成，使用操作命令【圆环】【多线段】【镜像】【旋转】等。

步骤 1：选择菜单【绘图】→【圆环】命令，绘制内径为 0、外径为 250 的圆环。如图 4 - 7（a）所示。

命令：＿ donut

指定圆环的内径〈460〉：0

指定圆环的外径〈500〉：250

指定圆环的中心点或〈退出〉：

步骤 2：选择菜单【绘图】→【多线段】命令，以圆环圆心为起点分别向上、下、左、右绘制长度为 350、宽度为 20 的 4 条多线段。可按如下步骤绘制，如图 4 - 7（b）所示。

命令：＿ PLine

指定起点：实心圆圆心

当前线宽为　10

指定下一个点或〔圆弧(A)/半宽(H)/长度(L)/放弃(U)/宽度(W)〕：w

指定起点宽度〈10〉：20

指定端点宽度〈20〉：20

指定下一个点或〔圆弧(A)/半宽(H)/长度(L)/放弃(U)/宽度(W)〕：@ 0, -200

注：其他 3 条多线段方法同。

步骤 3：选择菜单【绘图】→【旋转】命令，以实心圆圆心为基点旋转 45°。如图 4 - 7（c）所示。

命令：＿ rotate

UCS 当前的正角方向：　ANGDIR ＝逆时针　ANGBASE ＝0

选择对象：指定对角点：找到 6 个

选择对象：

指定基点：

指定旋转角度，或 ［复制(C)/参照(R)］〈45〉：45

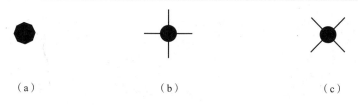

（a）　　　　　　　　　　（b）　　　　　　　　　　（c）

图 4 - 7　事故照明灯示例

8. 疏散指示灯

图例及图例比例尺寸：

图形主要由宽度为 20 的矩形和多线段组成，使用操作命令【矩形】【多线段】【移动】等。

步骤 1：选择菜单【绘图】→【矩形】命令，绘制长 750、宽 250、线宽为 20 的矩形。如图 4 - 8（a）所示。

命令：_ Rectang
当前矩形模式：厚度 =20　宽度 =20
指定第一个角点或 ［倒角(C)/标高(E)/圆角(F)/厚度(T)/宽度(W)］：w

指

定矩形的线宽 〈20〉：　20
指定第一个角点或 ［倒角(C)/标高(E)/圆角(F)/厚度(T)/宽度(W)］：
指定另一个角点或 ［面积(A)/尺寸(D)/旋转(R)］：@ 750,250

步骤 2：选择菜单【绘图】→【多线段】命令，操作如下命令提示。如图 4 - 8（b）所示。

命令：_ PLine
指定起点：
当前线宽为　20
指定下一个点或 ［圆弧(A)/半宽(H)/长度(L)/放弃(U)/宽度(W)］：w
指定起点宽度 〈20〉：20
指定端点宽度 〈20〉：20
指定下一个点或 ［圆弧(A)/半宽(H)/长度(L)/放弃(U)/宽度(W)］：@ 360,0
指定下一点或 ［圆弧(A)/闭合(C)/半宽(H)/长度(L)/放弃(U)/宽度(W)］：w
指定起点宽度 〈20〉：94
指定端点宽度 〈94〉：0
指定下一点或 ［圆弧(A)/闭合(C)/半宽(H)/长度(L)/放弃(U)/宽度(W)］：@ 180,0

指定下一点或 ［圆弧(A)／闭合(C)／半宽(H)／长度(L)／放弃(U)／宽度(W)]：

步骤 3：选择菜单【绘图】→【移动】命令，把多线段移至矩形中。如图 4 − 8（c）所示。

命令：_ move
选择对象：多线段
选择对象：
指定基点或 ［位移（D)]〈位移〉：多线段中点为基点
指定第二个点或〈使用第一个点作为位移〉：矩形中心点

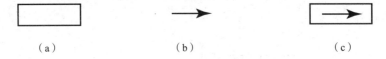

（a）   （b）   （c）

图 4 − 8 疏散指示灯示例

9. 安全出口标志灯

图例及图例比例尺寸：

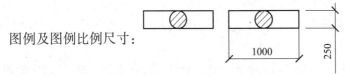

1000   250

图形主要由宽度为 20 的矩形和填充圆组成，使用操作命令【矩形】【圆】【填充】等。

步骤 1：选择菜单【绘图】→【矩形】命令，绘制长 1000、宽 250、线宽为 20 的矩形。如图 4 − 9（a）所示。

命令：_ Rectang
当前矩形模式：厚度 =20   宽度 =20
指定第一个角点或 ［倒角(C)／标高(E)／圆角(F)／厚度(T)／宽度(W)]：w
指定矩形的线宽〈20〉：20
指定第一个角点或 ［倒角(C)／标高(E)／圆角(F)／厚度(T)／宽度(W)]：
指定另一个角点或 ［面积(A)／尺寸(D)／旋转(R)]：@ 1000，250

步骤 2：选择菜单【绘图】→【圆】命令，以矩形中心为圆心、半径为 125 绘制圆。如图 4 − 9（b）所示。

命令：
CIRCLE 指定圆的圆心或 ［三点(3P)／两点(2P)／相切、相切、半径(T)]：
指定圆的半径或 ［直径（D)]〈230〉：125

步骤 3：选择菜单【绘图】→【图案填充】命令，在执行此命令前把圆的直径线段先删除。如图 4 − 9（c）所示。

命令：_ bhatch
拾取内部点或 ［选择对象(S)／删除边界(B)]：填充图案选择 "STEEL"
正在选择所有可见对象 ...
正在分析所选数据 ...

正在分析内部孤岛 ...
拾取内部点或［选择对象(S)/删除边界(B)］:

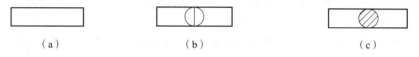

（a）　　　　　　　　（b）　　　　　　　　　　　（c）

图 4 - 9　安全出口标志灯

4.1.2　插座图例绘制

1. 两孔插座

图例及图例比例尺寸: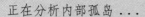

图形主要由半圆、实心半圆和直线段组成,使用操作命令【直线】【圆】【剪切】【图案填充】等。

操作步骤:

步骤 1:选择菜单【绘图】→【圆】命令,画一个半径为 250 的圆。如图 4 - 10（a）所示。

步骤 2:选择菜单【绘图】→【直线】命令,在圆上画一个水平直径,以圆最上端象限点为起点画长度为 120 的线段,以圆的左右两个象限点为端点各画长度为 40 的线段。如图 4 - 10（b）所示。

步骤 3:选择菜单【修改】→【剪切】命令,利用水平直径把下半圆切掉。如图 4 - 10（c）所示。

步骤 4:选择菜单【绘图】→【图案填充】命令,把上述半圆用填充图案 SOLID 填充。如图 4 - 10（d）所示。

（a）　　　　　　（b）　　　　　　（c）　　　　　　（d）

图 4 - 10　两孔插座示例

2. 三孔插座

图例及图例比例尺寸:

图形主要由半圆、实心半圆和直线段组成,使用操作命令【直线】【圆】【剪切】【拷贝】【图案填充】等。制图步骤基本与两孔插座相同。

操作步骤:

步骤 1:选择菜单【绘图】→【圆】命令,画一个半径为 250 的圆。如图 4 - 11（a）

所示。

步骤2：选择菜单【绘图】→【直线】命令，在圆上画一个水平直径，以圆最上端象限点为起点画长度为120的线段，以圆的左右两个象限点为端点各画长度为40的线段。如图4－11（b）所示。

步骤3：选择菜单【修改】→【修剪】命令，利用水平直径把下半圆切掉。如图4－11（c）所示。

步骤4：选择菜单【修改】→【拷贝】命令，把半圆水平直径以圆心为基点复制到以半圆上端象限点处。如图4－11三孔插座示例（d）所示。

步骤5：选择菜单【绘图】→【图案填充】命令，把上述半圆用填充图案 SOLID 填充。如图4－11（e）所示。

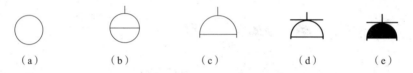

（a）　　　　　（b）　　　　　（c）　　　　　（d）　　　　　（e）

图4－11　三孔插座示例

3. 五孔插座

图例及图例比例尺寸：

图形主要由半圆、实心半圆和直线段组成，使用操作命令【直线】【圆】【剪切】【拷贝】【图案填充】等。制图步骤参照两孔插座和三孔插座步骤。

4.1.3　电气开关和引线、电缆头图例绘制

1. 一～四联开关

生活中我们常用的面板开关就是一～四联开关，也是我们电气施工图中常用的图例符号。标准图形如下：

图例：

下面就以三联开关为例讲解绘制步骤。

三联开关：

图例及图例比例尺寸：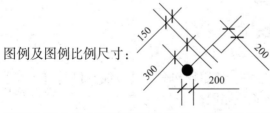

图形主要由实心圆和直线段组成，使用操作命令【圆】【直线】【偏移】【旋转】【圆角】【图案填充】等。

操作步骤：

步骤 1：选择菜单【绘图】→【圆】命令，画一个半径为 100 的圆。如图 4 - 12 （a）所示。

步骤 2：选择菜单【绘图】→【直线】命令，以圆心为起点画长度为 300 的水平线段，再以此线段终点为起点向下画长度为 150 的垂直线段。如图 4 - 12 （b）所示。

步骤 3：选择菜单【修改】→【偏移】命令，将上述垂直线段向右偏移 150 两次。如图 4 - 12 （c）所示。

> 命令：_ OFFSET 指定第一点
> 当前设置：删除源 = 否　图层 = 源　OFFSETGAPTYPE = 0
> 制定偏移距离或［通过(T)/删除(E)/图层(L)］〈通过〉：150
> 选择偏移的对象，或［退出(E)/放弃(U)］〈退出〉：
> 指定要偏移的那一侧上的点，或［退出(E)/多个(M)/放弃(U)］〈退出〉：
> 选择偏移的对象，或［退出(E)/放弃(U)］〈退出〉：

步骤 4：选择菜单【修改】→【圆角】命令，选择垂直线段和水平线段，直角正交。如图 4 - 12 （d）所示。

> 命令：_ Fillet 指定第一点
> 当前设置：模式 = 修剪，　半径 = 0.0000
> 选择第一个对象或［放弃(U)/多线段(P)/半径(R)/修剪(T)/多个(M)］：
> 选择第二个对象，或按住 Shift 键选择要应用角点的对象：

步骤 5：选择菜单【修改】→【旋转】命令，把上述图形旋转 45°。如图 4 - 12 （e）所示。

步骤 6：选择菜单【绘图】→【图案填充】命令，把上述圆用填充图案 SOLID 填充。如图 4 - 12 （f）所示。

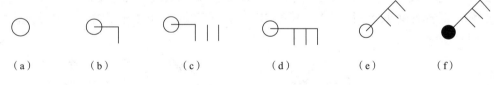

（a）　　　　（b）　　　　（c）　　　　　（d）　　　　　（e）　　　　　（f）

图 4 - 12　三联开关示例

2. 引线、电缆头图例绘制

（1）引线图例：各种引线符号，如引上线、引下线、引下引上线等，是绘制电气施工图常用的图例。标准图形如下：

图例：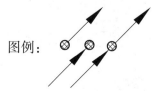

下面就以引上线为例讲解绘制步骤。

引上线：

图例及图例比例尺寸：

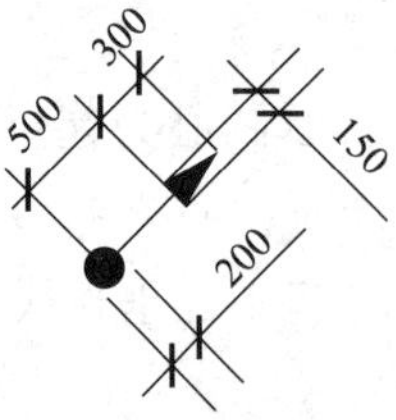

图形主要由实心圆和多线段组成，使用操作命令【圆】【多线段】【旋转】【图案填充】等。

操作步骤：

步骤1：选择菜单【绘图】→【圆】命令，画一个半径为 100 的圆。如图 4 - 13（a）所示。

步骤2：选择菜单【绘图】→【多线段】命令，以圆心为起点，绘制线宽为 0、长度为 500 和起始线宽为 150、终止线宽为 0、长度为 300 的多线段。如图 4 - 13（b）所示。

```
命令：_ PLine 指定第一点：左侧线段中点
指定下一点或 [圆弧(A)/半宽(H)/长度(L)/放弃(U)/宽度(W)] 〈通过〉：W
指定起点宽度 〈0.0000〉：0
指定终点宽度 〈0.0000〉：0
```

输入长度 1000，按 Enter 键。

```
指定下一点或 [圆弧(A)/半宽(H)/长度(L)/放弃(U)/宽度(W)] 〈通过〉：W
指定起点宽度 〈0.0000〉：150
指定终点宽度 〈0.0000〉：0
```

输入长度 300，按 Enter 键。

步骤3：选择菜单【修改】→【旋转】命令，将上述图形旋转 45°。如图 4 - 13（c）所示。

步骤4：选择菜单【绘图】→【图案填充】命令，把上述圆用填充图案 SOLID 填充。如图 4 - 13（d）所示。

（a）　　　　　　（b）　　　　　　（c）　　　　　　（d）

图 4 - 13　引上线示例

（2）电缆头：

图例及图例比例尺寸：

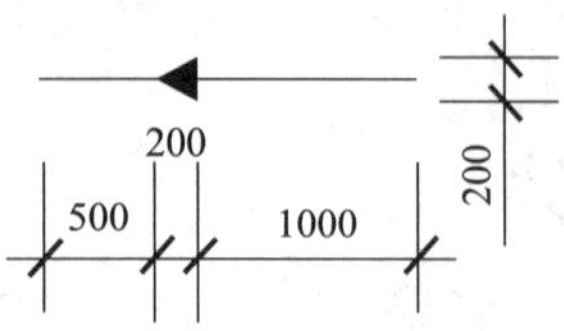

图形主要由多线段组成，使用操作命令【多线段】等。

操作步骤：

步骤：选择菜单【绘图】→【多线段】命令，绘制线宽为 0、长度为 500，起始线宽为 0、终止线宽为 200、长度为 200 和线宽为 0、长度为 1000 的多线段。如图 4 – 14 所示。

> 命令：_ PLine 指定第一点：左侧线段中点
> 指定下一点或 [圆弧(A)/半宽(H)/长度(L)/放弃(U)/宽度(W)]〈通过〉：W
> 指定起点宽度〈0.0000〉：0
> 指定终点宽度〈0.0000〉：0

输入长度 500，按 Enter 键。

> 指定下一点或 [圆弧(A)/半宽(H)/长度(L)/放弃(U)/宽度(W)]〈通过〉：W
> 指定起点宽度〈0.0000〉：0
> 指定终点宽度〈0.0000〉：200

输入长度 200，按 Enter 键。

> 指定下一点或 [圆弧(A)/半宽(H)/长度(L)/放弃(U)/宽度(W)]〈通过〉：W
> 指定起点宽度〈0.0000〉：0
> 指定终点宽度〈0.0000〉：0

输入长度 1000，按 Enter 键。

图 4 – 14　电缆头示例

第 2 节　消防图例符号 CAD 制图

消防平面图所需的图例有各种报警消防器件图例、各种联动消防器件图例等。最常用的、最基本的图例有：感烟探测器、感温探测器、手动报警按钮 + 电话插孔、水流指示器、信号阀、湿式报警阀、防火阀、加压送风口、排烟口、消防电话、消防广播等。

4.2.1　感烟、感温探测器，手报、消火栓按钮图例绘制

1. 感烟探测器

图例及图例比例尺寸： 　注：折线线宽为 10

图形主要由正多边形、多线段组成，使用操作命令【正多边形】【多线段】【复制】【移动】等。

操作步骤：

步骤 1：选择菜单【绘图】→【正多边形】命令，绘制边长为 500 的正四边形。如图 4 – 15（a）所示。

命令：_ Polygon 输入变的数目〈4〉：4
指定正多边形的中心点或 ［边(E)］：E
指定变得第一个端点：
指定变得第一个端点：指定变得第二个端点：500

步骤 2：选择菜单【绘图】→【多线段】命令，绘制线宽为 10、长度为 200、角度为 45°的多线段。

命令：_ PLine 指定第一点：左侧线段中点
指定下一点或 ［圆弧(A) /半宽(H) /长度(L) /放弃(U) /宽度(W)］〈通过〉：W
指定起点宽度〈0.0000〉：10
指定终点宽度〈0.0000〉：10
开启极轴，输入 200〈45

步骤 3：选择菜单【修改】→【复制】命令，将上述多线段向下复制，距离为 200。

命令：_ Copy
指定基点或 ［位移 (D)］〈位移〉：
指定第二点或〈使用第一点作为位移〉：200

步骤 4：选择菜单【绘图】→【多线段】命令，将上述多线段用线宽为 10 的多线段连接。如图 4－15（b）所示。

步骤 5：选择菜单【修改】→【移动】命令，将上述多线段移动到正四边形里。如图 4－15（c）所示。

命令：_ Move
选择对象：
指定基点或 ［位移 (D)］〈位移〉：基点选择中间多线段中点。
指定另一点：另一点选择正四边形中心位置。

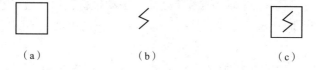

（a）　　　　　　　　（b）　　　　　　　　（c）

图 4－15　感烟探测器示例

2. 感温探测器

图例及图例比例尺寸：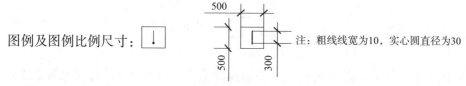　注：粗线线宽为 10，实心圆直径为 30

图形主要由正多边形、多线段组成，使用操作命令【正多边形】【多线段】【圆环】等。

操作步骤：

步骤 1：选择菜单【绘图】→【正多边形】命令，绘制边长为 500 的正四边形。如图 4－16（a）所示。

命令：_ Polygon 输入变的数目〈4〉：4
指定正多边形的中心点或 [边（E）]：E
指定变得第一个端点：
指定变得第一个端点：指定变得第二个端点：500

步骤 2：选择菜单【绘图】→【多线段】命令，绘制线宽为 10、长度为 300 的多线段。

命令：_ PLine 指定第一点：左侧线段中点
指定下一点或 [圆弧(A)/半宽(H)/长度(L)/放弃(U)/宽度(W)]〈通过〉：W
指定起点宽度〈0.0000〉：10
指定终点宽度〈0.0000〉：10
开启极轴，输入 300

步骤 3：选择菜单【绘图】→【圆环】命令，以上述多线段下端点为圆心，画内径为 0、外径为 30 的圆环。如图 4 – 16（b）所示。

命令：_ donut
指定圆环的内径〈1〉：0
指定圆环的外径〈1〉：30
指定圆环的中心点或〈退出〉：中点选择多线段下端点

步骤 4：选择菜单【修改】→【移动】命令，将上述图形移动到正四边形里。如图 4 – 16（c）所示。

命令：_ Move
选择对象：
指定基点或 [位移（D）]〈位移〉：

基点选择中间多线段中点。

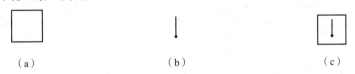

（a）   （b）   （c）

图 4 – 16 感温探测器示例

3. 手动报警按钮 + 电话插孔

图例及图例比例尺寸：

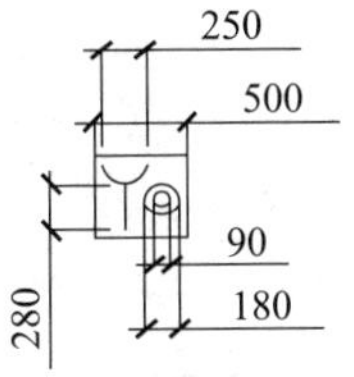

图形主要由正多边形、直线线段、圆组成，使用操作命令【正多边形】【直线】【圆】【剪切】等。

操作步骤：

步骤 1：选择菜单【绘图】→【正多边形】命令，绘制边长为 500 的正四边形。如图

4 -17 （a）所示。

> 命令：_ Polygon 输入变的数目〈4〉：4
> 指定正多边形的中心点或 ［边（E）］：E
> 指定变得第一个端点：
> 指定变得第一个端点：指定变得第二个端点：500

步骤 2：选择菜单【绘图】→【圆】命令，绘制直径为 250 和直径为 90 的圆，以直径为 90 的圆的圆心为圆心画直径为 180 的圆。如图 4 -17 （b）所示。

> 命令：_ Circle 指定圆的圆心或 ［三点(3P)/两点(2P)/相切、相切/半径(T)］：
> 指定圆的半径或 ［直径（D）］：250
> 指定圆的圆心或 ［三点(3P)/两点(2P)/相切、相切/半径(T)］：
> 指定圆的半径或 ［直径（D）］：90
> 指定圆的圆心或 ［三点(3P)/两点(2P)/相切、相切/半径(T)］：
> 指定圆的半径或 ［直径（D）］：180

步骤 3：选择菜单【绘图】→【直线】命令，画直径为 250 圆的水平直径和以其下方象限点为起点、长度为 280 的直线段。如图 4 -17 （c）所示。

> 命令：_ Line 指定第一点：左边象限点
> 指定下一点或 ［放弃（U）］：右边象限点
> 命令：_ Line 指定第一点：下方象限点
> 指定下一点或 ［放弃（U）］：280

步骤 4：选择菜单【修改】→【修剪】命令，利用水平直径把上半圆切掉并删除直径线段。如图 4 -17 （d）所示。

> 命令：_ trim
> 选择对象或〈全部选择〉：水平直径
> 选择要修剪的对象或按住 Shift 键选择要延伸对象，或 ［栏选（F）/窗交（C）/投影(P)/边(E)/
> 删除(R)/放弃(U)］：

步骤 5：选择菜单【修改】→【移动】命令，将上述图形移动到正四边形里。如图 4 -17 （e）所示。

> 命令：_ Move
> 选择对象：
> 指定基点或 ［位移（D）］〈位移〉：

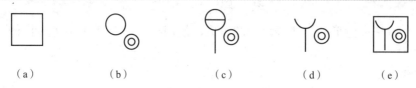

（a）　　　　（b）　　　　（c）　　　　（d）　　　　（e）

图 4 -17　手动报警按钮 + 电话插孔示例

4. 消火栓按钮

图例及图例比例尺寸：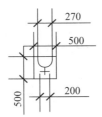

图形主要由正多边形、直线线段、圆组成，使用操作命令【正多边形】【直线】【圆】【剪切】等。

操作步骤：

步骤1：选择菜单【绘图】→【正多边形】命令，绘制边长为 500 的正四边形。如图 4 – 18 （a）所示。

> 命令：_ Polygon 输入变的数目〈4〉：4
> 指定正多边形的中心点或 ［边 （E）］：E
> 指定变得第一个端点：
> 指定变得第一个端点：指定变得第二个端点：500

步骤2：选择菜单【绘图】→【圆】命令，绘制直径为 270 的圆，如图 4 – 18 （b）所示。

> 命令：_ Circle
> 指定圆的圆心或 ［三点(3P)/两点(2P)/相切、相切/半径(T)］：
> 指定圆的半径或 ［直径 （D）］：270

步骤3：选择菜单【绘图】→【直线】命令，画圆的水平直径和以其下方象限点为起点、长度为 160 的直线段。以垂直线段中点为中心画一条长度为 200 的水平线段。如图 4 – 18 （c）所示。

> 命令：_ Line 指定第一点：左边象限点
> 指定下一点或 ［放弃 （U）］：右边象限点
> 命令：_ Line 指定第一点：下方象限点
> 指定下一点或 ［放弃 （U）］：160
> 命令：_ Line 指定第一点：垂直线段中点
> 指定下一点或 ［放弃 （U）］：向左 80，向右 80

步骤4：选择菜单【修改】→【修剪】命令，利用水平直径把上半圆切掉，并删除直径线段。如图 4 – 18 （d）所示。

> 命令：_ trim
> 选择对象或〈全部选择〉：水平直径
> 选择要修剪的对象或按住 Shift 键选择要延伸对象，或 ［栏选(F)/窗交(C)/投影(P)/边(E)/删除(R)/放弃(U)］：

步骤5：选择菜单【修改】→【移动】命令，将上述图形移动到正四边形里。如图 4 – 18 （e）所示。

命令：_ Move
选择对象：
指定基点或 [位移 (D)] 〈位移〉：

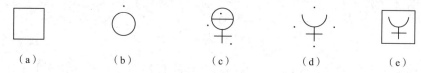

（a）　　　　（b）　　　　（c）　　　　（d）　　　　（e）

图 4-18　消火栓示例

4.2.2　消防广播、消防电话图例绘制

1. 消防广播

图例及图例比例尺寸：

图形主要由圆、矩形、直线段组成，使用操作命令【圆】【直线】【移动】【矩形】等。

操作步骤：

步骤 1： 选择菜单【绘图】→【矩形】命令，绘制边长为 90、170 的矩形。如图 4-19
（a）所示。

命令：_ Rectang：
指定第一个角点或 [倒角(C)/标高(E)/圆角(F)/厚度(T)/宽度(W)]：
直接输入 90，按 Tab 键后再输入 170，然后按 Enter 键。

步骤 2： 选择菜单【绘图】→【圆】命令，绘制直径为 500 的圆，如图 4-19（b）所示。

命令：_ Circle
指定圆的圆心或 [三点(3P)/两点(2P)/相切、相切/半径(T)]：
指定圆的半径或 [直径 (D)]：500

步骤 3： 选择菜单【绘图】→【直线】命令，画直径为 500 圆的水平直径和经过右象限
点的切线段。

命令：_ Line 指定第一点：
指定下一点或 [放弃 (U)]：

步骤 4： 选择菜单【修改】→【偏移】命令，将垂直切线段向左偏移 150、190，如图
4-19（c）所示。

命令：_ OFFSET 指定第一点
当前设置：删除源 = 否　图层 = 源　OFFSETGAPTYPE = 0
制定偏移距离或 [通过(T)/删除(E)/图层(L)] 〈通过〉：150

选择偏移的对象，或［退出（E）/放弃（U）］〈退出〉：

指定要偏移的那一侧上的点，或［退出（E）/多个（M）/放弃（U）］〈退出〉：

选择偏移的对象，或［退出（E）/放弃（U）］〈退出〉：

制定偏移距离或［通过（T）/删除（E）/图层（L）］〈通过〉：190

选择偏移的对象，或［退出（E）/放弃（U）］〈退出〉：

指定要偏移的那一侧上的点，或［退出（E）/多个（M）/放弃（U）］〈退出〉：

选择偏移的对象，或［退出（E）/放弃（U）］〈退出〉：

步骤 5：选择菜单【修改】→【移动】命令，将矩形以长边中点为基点，移至圆 C 处。如图 4 – 19（d）所示。

命令：_ Move

选择对象：

指定基点或［位移（D）］〈位移〉：

步骤 6：选择菜单【绘图】→【直线】命令，画直线连接 AB、AC、BC。如图 4 – 19（e）所示。

命令：_ Line 指定第一点：

指定下一点或［放弃（U）］：

步骤 7：选择菜单【绘图】→【删除】命令，删除辅助线。如图 4 – 19（f）所示。

命令：_ Erase：选择要删除的线段，这里指辅助线

选择对象：找到 1 个

选择对象：找到 1 个

选择对象：找到 1 个，总计 3 个

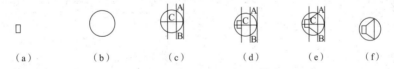

| (a) | (b) | (c) | (d) | (e) | (f) |

图 4 – 19 消防广播示例

2. 消防电话

图例及图例比例尺寸：

图形主要由正方形、半圆、矩形组成。使用操作命令【正多边形】【圆】【修剪】【矩形】【移动】等。

操作步骤：

步骤 1：选择菜单【绘图】→【正多边形】命令，绘制边长为 500 的正四边形。如图 4 – 20（a）所示。

命令：_ Polygon 输入变的数目〈4〉：4

指定正多边形的中心点或［边（E）］：E

指定变得第一个端点：

v 指定变得第一个端点：指定变得第二个端点：500

步骤 2： 选择菜单【绘图】→【圆】命令，绘制直径为 380 的圆，如图 4-20（b）所示。

命令：＿ Circle 指定圆的圆心或 ［三点(3P)/两点(2P)/相切、相切/半径(T)］：

指定圆的半径或 ［直径 (D)］：380

步骤 3： 选择菜单【绘图】→【直线】【修剪】命令，画圆的水平直径，并用水平直径把下半圆切掉。如图 4-20（c）所示。

命令：＿ Line 指定第一点：左边象限点

指定下一点或 ［放弃 (U)］：右边象限点

命令：＿ trim

选择对象或〈全部选择〉：水平直径

选择要修剪的对象或按住 Shift 键选择要延伸对象，或 ［栏选(F)/窗交(C)/投影(P)/

边(E)/删除(R)/放弃(U)］：

步骤 4： 选择菜单【绘图】→【矩形】命令，绘制边长为 250、150 的矩形。如图 4-20（d）所示。

命令：＿ Rectang：

指定第一个角点或 ［倒角(C)/标高(E)/圆角(F)/厚度(T)/宽度(W)］：

直接输入 "250"，按 Tab 键后再输入 "150"，然后按 Enter 键。

步骤 5： 选择菜单【修改】→【移动】命令，将矩形移至半圆的直径上，并用矩形把含在矩形内的直径部分切掉。如图 4-20（e）所示。

命令：＿ Move

选择对象：

指定基点或 ［位移 (D)］〈位移〉：

命令：＿ trim

选择对象或〈全部选择〉：矩形

选择要修剪的对象或按住 Shift 键选择要延伸对象，或 ［栏选(F)/窗交(C)/投影(P)/

边(E)/删除(R)/放弃(U)］：

步骤 6： 选择菜单【修改】→【移动】命令，将上述图形移至正方形内。如图 4-20（f）所示。

命令：＿ Move

选择对象：

指定基点或 ［位移 (D)］〈位移〉：

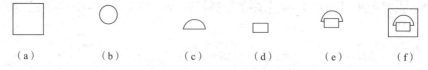

|　(a)　|　(b)　|　(c)　|　(d)　|　(e)　|　(f)　|

图 4-20　消防电话示例

4.2.3　消防联动设备图例绘制

1. 防火阀（有 70°和 280°）

图例及图例比例尺寸：

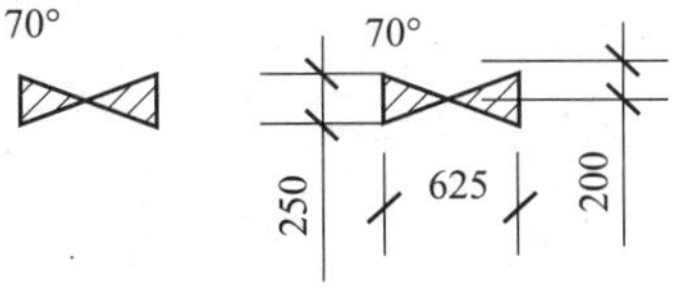

图形主要由直线段组成，使用操作命令【矩形】【直线】【图案填充】等。

操作步骤：

步骤 1：选择菜单【绘图】→【矩形】命令，绘制边长为 625、250 的矩形。如图 4-21（a）所示。

命令：_ Rectang：

指定第一个角点或 ［倒角（C）/标高（E）/圆角（F）/厚度（T）/宽度（W）］：

直接输入"625"，按 Tab 键后再输入"250"，然后按 Enter 键。

步骤 2：选择菜单【绘图】→【直线】命令，连接矩形对角线。如图 4-21（b）所示。

命令：_ Line 指定第一点

指定下一点或 ［放弃（U）］：

步骤 3：选择菜单【修改】→【修剪】命令，利用矩形对角线把矩形两长边切掉。如图 4-21（c）所示。

命令：_ trim

选择对象或〈全部选择〉：两对角线

选择要修剪的对象或按住 Shift 键选择要延伸对象，或 ［栏选（F）/窗交（C）/投影（P）/边（E）/删除（R）/放弃（U）］：

步骤 4：选择菜单【绘图】→【图案填充】命令，把上述图形用填充图案 SOLID 填充，并使用【绘图】→【文字】命令在图形左上方输入字高为 270 的 70°数字。如图 4-21（d）所示。

在弹出的"图案填充和渐变色"对话框中单击"图案"选项后的 ⬚ 按钮，在弹出的"图案填充选项板"对话框中选择"其他预定义"选项卡，在该选项卡中选择"SOLID"图案填充，单击"确定"按钮，返回"图案填充和渐变色"对话框，单击"添加""拾取点"按钮，返回绘图窗口中选择填充对象。

（a）　　　　　　（b）　　　　　　（c）　　　　　　（d）

图 4-21　70°防火阀示例

2. 加压送风口

图例及图例比例尺寸：　注：粗线线宽为 10，字高 270

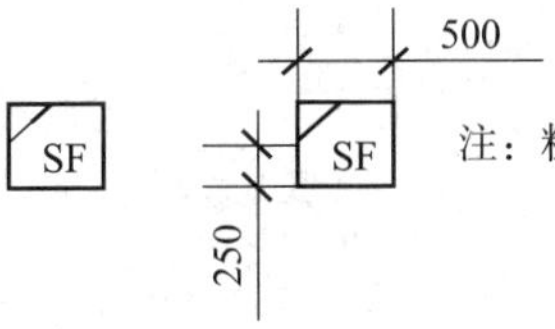

图形主要由正方形、多线段字母等组成，使用操作命令【矩形】【多线段】【文字】。

操作步骤：

步骤 1： 选择菜单【绘图】→【矩形】命令，绘制边长为 500、线宽为 10 的正四边形。如图 4 - 22（a）所示。

命令：_ Rectang：

指定第一个角点或 [倒角(C)/标高(E)/圆角(F)/厚度(T)/宽度(W)]：

指定矩形线宽 〈0〉：10

直接输入"500"，按 Tab 键后再输入"500"，然后按 Enter 键。

步骤 2： 选择菜单【绘图】→【多线段】命令，画线宽为 10、起始点和末端点分别为左上角两直角边中点的多绘段。如图 4 - 22（b）所示。

命令：_ PLine 指定第一点：左侧线段中点

指定下一点或 [圆弧(A)/半宽(H)/长度(L)/放弃(U)/宽度(W)] 〈通过〉：W

指定起点宽度 〈0.0000〉：10

指定终点宽度 〈0.0000〉：10

步骤 3： 选择菜单【绘图】→【文字】→【单行文字】命令。在正方形内输入文字"SF"。如图 4 - 22（c）所示。

命令：_ dtext

当前文字样式：standard 当前文字高度：0.0000

指定文字的起点或 [对正(J)/样式(S)]：

指定高度 〈0〉：270

指定文字旋转角度 〈0〉：

输入文字：SF

（a）   （b）   （c）

图 4 - 22 加压送风口示例

3. 排烟口

图例及图例比例尺寸：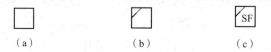注：粗线线宽为10，字高270

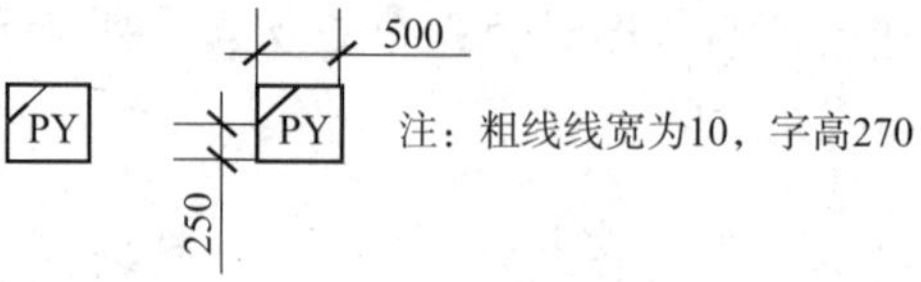

图形主要由正方形、多线段字母等组成，使用操作命令【矩形】【多线段】【文字】。

操作步骤：

步骤 1： 选择菜单【绘图】→【矩形】命令，绘制边长为 500、线宽为 10 的正四边形。如图 4 - 23（a）所示。

命令：_ Rectang：

指定第一个角点或 [倒角(C)/标高(E)/圆角(F)/厚度(T)/宽度(W)]：

指定矩形线宽 〈0〉：10

直接输入 500，按 Tab 键后再输入 500，然后按 Enter 键。

步骤 2：选择菜单【绘图】→【多线段】命令，画线宽为 10、起始点和末端点分别为左上角两直角边中点的多线段。如图 4 - 23（b）所示。

> 命令：_ PLine 指定第一点：左侧线段中点
> 指定下一点或［圆弧(A)/半宽(H)/长度(L)/放弃(U)/宽度(W)］〈通过〉：W
> 指定起点宽度〈0.0000〉：10
> 指定终点宽度〈0.0000〉：10

步骤 3：选择菜单【绘图】→【文字】→【单行文字】命令。在正方形内输入文字"PY"。如图 4 - 23（c）所示。

> 命令：_ dtext
> 当前文字样式：standard 当前文字高度：0.0000
> 指定文字的起点或［对正(J)/样式(S)］：
> 指定高度〈0〉：270
> 指定文字旋转角度〈0〉：
> 输入文字：PY

（a）　　　　　　　　　（b）　　　　　　　　　（c）

图 4 - 23　排烟口示例

4. 水流指示器

图例及图例比例尺寸：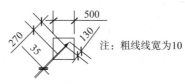 注：粗线线宽为10

图形主要由正方形、多线段等组成，使用操作命令【矩形】【多线段】【移动】。

操作步骤：

步骤 1：选择菜单【绘图】→【矩形】命令，绘制边长为 500、线宽为 10 的正四边形。如图 4 - 24（a）所示。

> 命令：_ Rectang:
> 指定第一个角点或［倒角(C)/标高(E)/圆角(F)/厚度(T)/宽度(W)］：
> 指定矩形线宽〈0〉：10

直接输入"500"，按 Tab 键后再输入"500"，然后按 Enter 键。

步骤 2：选择菜单【绘图】→【多线段】命令，画线宽为 0、长度为 270、角度为 45度、起始线宽为 35、终止线宽为 0、长度为 130 的多线段。如图 4 - 24（b）所示。

> 命令：_ PLine 指定第一点：左侧线段中点
> 指定下一点或［圆弧(A)/半宽(H)/长度(L)/放弃(U)/宽度(W)］〈通过〉：W

指定起点宽度〈0.0000〉: 0

指定终点宽度〈0.0000〉: 0

指定起点宽度〈0.0000〉: 35

指定终点宽度〈0.0000〉: 0

启极轴, 输入 270〈45

指定下一点或 [圆弧(A)/半宽(H)/长度(L)/放弃(U)/宽度(W)]〈通过〉: W

指定起点宽度〈0.0000〉: 150

指定终点宽度〈0.0000〉: 0

启极轴, 输入 130〈45

步骤 3: 选择菜单【修改】→【移动】命令, 将上述图形移至正方形内。如图 4 - 24 (c) 所示。

命令: _ Move

选择对象:

指定基点或 [位移 (D)]〈位移〉:

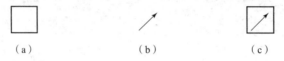

（a）　　　　　　（b）　　　　　　（c）

图 4 - 24　水流指示器示例

5. 信号阀

图例及图例比例尺寸:　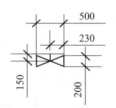　　注: 粗线线宽为 10

图形主要由直线段和多线段组成, 使用操作命令【矩形】【直线】。

操作步骤:

步骤 1: 选择菜单【绘图】→【矩形】命令, 绘制边长为 500、150, 线宽为 10 的矩形。如图 4 - 25 (a) 所示。

命令: _ Rectang:

指定第一个角点或 [倒角(C)/标高(E)/圆角(F)/厚度(T)/宽度(W)]:

指定矩形线宽〈0〉: 10

直接输入 "500", 按 Tab 键后再输入 "150", 然后按 Enter 键。

步骤 2: 选择菜单【绘图】→【多线段】命令, 用线宽 10 的线段连接矩形对角线。如图 4 - 25 (b) 所示。

命令: _ PLine 指定第一点: 左侧线段中点

指定下一点或 [圆弧(A)/半宽(H)/长度(L)/放弃(U)/宽度(W)]〈通过〉: W

指定起点宽度〈0.0000〉: 10

指定终点宽度〈0.0000〉: 10

步骤 3：选择菜单【修改】→【修剪】命令，利用矩形对角线把矩形两长边切掉。如图 4 - 25（c）所示。

命令：_trim
选择对象或〈全部选择〉：两对角线
选择要修剪的对象或按住 Shift 键选择要延伸对象，或［栏选(F)/窗交(C)/投影(P)/边(E)/删除(R)/放弃(U)］：

步骤 4：选择菜单【绘图】→【多线段】→【直线】命令，以对角线交点为起点，画线宽为 10、垂直长度为 150 的多线段，以多线段终点为起点、水平长度为 230 的直线段。如图 4 - 25（d）所示。

命令：_PLine 指定第一点：左侧线段中点
指定下一点或［圆弧(A)/半宽(H)/长度(L)/放弃(U)/宽度(W)］〈通过〉：W
指定起点宽度〈0.0000〉：10
指定终点宽度〈0.0000〉：10

输入长度 150。

命令：_Line 指定第一点：
指定下一点或［放弃（U）］：230

（a）　　　　（b）　　　　（c）　　　　（d）

图 4 - 25　信号阀示例

6. 湿式报警阀

图例及图例比例尺寸：

图形主要由直线段组成，使用操作命令【矩形】【多线段】【圆环】【图案填充】。
操作步骤：
步骤 1：选择菜单【绘图】→【矩形】命令，绘制边长为 625、250，线宽为 10 的矩形。如图 4 - 26（a）所示。

命令：_Rectang：
指定第一个角点或［倒角(C)/标高(E)/圆角(F)/厚度(T)/宽度(W)］：
指定矩形线宽〈0〉：10

直接输入 "625"，按 Tab 键后再输入 "250"，然后按 Enter 键。
步骤 2：选择菜单【绘图】→【多线段】命令，用线宽 10 的线段连接矩形对角线。如图 4 - 26（b）所示。

命令：_PLine 指定第一点：左侧线段中点
指定下一点或［圆弧(A)/半宽(H)/长度(L)/放弃(U)/宽度(W)］〈通过〉：W
指定起点宽度〈0.0000〉：10

指定终点宽度〈0.0000〉: 10

步骤 3: 选择菜单【修改】→【修剪】命令,利用矩形对角线把矩形两长边切掉。如图 4 - 26 (c) 所示。

> 命令: _ trim
> 选择对象或〈全部选择〉: 两对角线
> 选择要修剪的对象或按住 Shift 键选择要延伸对象,或 [栏选(F)/窗交(C)/投影(P)/边(E)/删除(R)/放弃(U)]:

步骤 4: 选择菜单【绘图】→【多线段】→【圆环】命令,以对角线交点为起点,画线宽为 10、垂直长度为 250 的多线段,以多线段终点为圆心,画内径为 0、外径为 125 的圆环。如图 4 - 26 (d) 所示。

> 命令: _ PLine 指定第一点: 左侧线段中点
> 指定下一点或 [圆弧(A)/半宽(H)/长度(L)/放弃(U)/宽度(W)]〈通过〉: W
> 指定起点宽度〈0.0000〉: 10
> 指定终点宽度〈0.0000〉: 10

输入长度 250。

> 命令: _ donut
> 指定圆环的内径〈1〉: 0
> 指定圆环的外径〈1〉: 125
> 指定圆环的中心点或〈退出〉: 中点选择多线段下端点。

步骤 5: 选择菜单【绘图】→【图案填充】命令,把上述图形右半三角形用填充图案 SOLID 填充。如图 4 - 26 (e) 所示。

在弹出的“图案填充和渐变色”对话框中单击“图案”选项后的 ⋯ 按钮,在弹出的“图案填充选项板”对话框中选择“其他预定义”选项卡,在该选项卡中选择“SOLID”图案填充,单击“确定”按钮,返回“图案填充和渐变色”对话框,单击“添加”“拾取点”按钮,返回绘图窗口中选择填充对象。

| (a) | (b) | (c) | (d) | (e) |

图 4 - 26 湿式报警阀示例

第 3 节 弱电图例符号 CAD 制图

弱电平面图最常用的、最基本的图例有:电话插座、网络插座、电视插座、防盗对讲、监控等。

4.3.1 电话、网络、电视图例绘制

网络插座、电话插座、电视插座的标准图例如: ─TO ─TP ─TV。下面以网络插座图例为例详细讲解绘制步骤。

网络插座：⊣TO

图例及图例比例尺寸：

图形主要由多线段、字母等组成，使用操作命令【矩形】【多线段】【修剪】【文字】。

操作步骤：

步骤 1：选择菜单【绘图】→【矩形】命令，绘制边长为 250、500，线宽为 10 的矩形。如图 4 – 27（a）所示。

命令：_ Rectang:
指定第一个角点或 ［倒角(C)/标高(E)/圆角(F)/厚度(T)/宽度(W)］:
指定矩形线宽〈0〉: 10

直接输入 "250"，按 Tab 键后再输入 "500"，然后按 Enter 键。

步骤 2：选择菜单【绘图】→【多线段】命令，画线宽为 10、起始点为左边中点的多线段。如图 4 – 27（b）所示。

命令：_ PLine 指定第一点：左侧矩形边中点
指定下一点或 ［圆弧(A)/半宽(H)/长度(L)/放弃(U)/宽度(W)］〈通过〉: W
指定起点宽度〈0.0000〉: 10
指定终点宽度〈0.0000〉: 10

输入长度 250。

步骤 3：选择菜单【修改】→【修剪】命令，利用矩形把矩形右侧长边切掉。如图 4 – 27（c）所示。

命令：_ trim
选择对象或〈全部选择〉: 矩形
选择要修剪的对象或按住 Shift 键选择要延伸对象，或 ［栏选(F)/窗交(C)/投影(P)/边(E)/删除(R)/放弃(U)］:

步骤 4：选择菜单【绘图】→【文字】→【单行文字】命令。在开口矩形内输入文字 "TO"。如图 4 – 27（d）所示。

命令：_ dtext
当前文字样式: standard 当前文字高度: 0.0000
指定文字的起点或 ［对正(J)/样式(S)］:
指定高度〈0〉: 250
指定文字旋转角度〈0〉:

输入文字：TO。

　　(a)　　　　　　　(b)　　　　　　　(c)　　　　　　　(d)

图 4 – 27　网络插座示例

4.3.2 监控、防盗对讲图例绘制

1. 球形监控摄像机

图例及图例比例尺寸：

图形主要由圆、矩形、直线段、实心圆组成，使用操作命令【圆】【直线】【移动】【圆环】等。

操作步骤：

步骤 1：选择菜单【绘图】→【圆】命令，画直径为 500 的圆，如图 4-28（a）所示。

```
命令：_Circle
指定圆的圆心或 [三点(3P)/两点(2P)/相切、相切/半径(T)]:
指定圆的半径或 [直径 (D)]: 500
```

步骤 2：选择菜单【绘图】→【直线】命令，画圆的水平直径和经过左、右象限点的垂直切线段。如图 4-28（b）所示。

```
命令：_Line 指定第一点：
指定下一点或 [放弃 (U)]:
```

步骤 3：选择菜单【修改】→【偏移】命令，将左、右垂直切线段向左、向右偏移 25，交圆于 A、B 两点。如图 4-28（c）所示。

```
命令：_OFFSET 指定第一点
当前设置：删除源 = 否  图层 = 源  OFFSETGAPTYPE = 0
制定偏移距离或 [通过(T)/删除(E)/图层(L)]〈通过〉: 25
选择偏移的对象，或 [退出(E)/放弃(U)]〈退出〉:
指定要偏移的那一侧上的点，或 [退出(E)/多个(M)/放弃(U)]〈退出〉:
选择偏移的对象，或 [退出(E)/放弃(U)]〈退出〉:
```

步骤 4：选择菜单【绘图】→【直线】命令，连接 A、B 两点。如图 4-28（d）所示。

```
命令：_Line 指定第一点：
指定下一点或 [放弃 (U)]:
```

步骤 5：选择菜单【修改】→【修剪】命令，利用 AB 线段把圆上半弧切掉。如图 4-28（e）所示。

```
命令：_trim
选择对象或〈全部选择〉: AB 线段
选择要修剪的对象或按住 Shift 键选择要延伸对象，或 [栏选(F)/窗交(C)/投影(P)
/边(E)删除(R)/放弃(U)]:
```

步骤6：选择菜单【绘图】→【矩形】【圆环】命令，经过 A、B 点绘制边长为450、100 的矩形。如图4-28（f）所示。

命令：_ Rectang：
指定第一个角点或［倒角(C)/标高(E)/圆角(F)/厚度(T)/宽度(W)］：
命令：_ donut
指定圆环的内径〈1〉：0
指定圆环的外径〈1〉：125
指定圆环的中心点或〈退出〉：中点选择圆心偏下。

步骤7：选择菜单【绘图】→【删除】命令，删除辅助线。如图4-28（g）所示。

命令：_ Erase：选择要删除的线段，这里指辅助线
选择对象：找到1个
选择对象：找到1个
选择对象：找到1个
选择对象：找到1个
选择对象：找到1个，总计3个

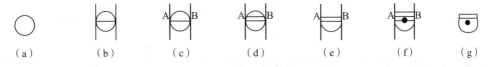

（a）　　　（b）　　　（c）　　　（d）　　　（e）　　　（f）　　　（g）

图4-28　球形监控摄像机示例

2. 户内防盗可视对讲分机

图例及图例比例尺寸：

图形主要由圆、矩形、直线段、圆弧等组成，使用操作命令【矩形】【圆】【圆弧】【直线】【移动】等。

操作步骤：

步骤1：选择菜单【绘图】→【矩形】命令，绘制边长为500、350，线宽为10的矩形。如图4-29（a）所示。

命令：_ Rectang：
指定第一个角点或［倒角(C)/标高(E)/圆角(F)/厚度(T)/宽度(W)］：
指定矩形线宽〈0〉：10

直接输入"500"，按 Tab 键后再输入"350"，然后按 Enter 键。

步骤2：选择菜单【绘图】→【矩形】【直线】【圆弧】命令，绘制边长为200、180的

矩形，在矩形内画两条长 105 的直线段。分别经过两条直线段上、下两端点画两段圆弧。如图 4－29（b）所示。

步骤 3：选择菜单【绘图】→【圆】命令，画直径为 180 的半圆，在直径上画上底、下底分别为 90、150 的等腰梯形。如图 4－29（c）所示。

步骤 4：选择菜单【修改】→【移动】命令，将上述两组图形移至矩形内。如图 4－29（d）所示。

命令：_ Move
选择对象：
指定基点或 ［位移（D）］〈位移〉：

（a）　　　　　　　　　（b）　　　　　　　　　（c）　　　　　　　　　（d）

图 4－29　户内防盗可视对讲分机示例

第 4 节　强电配电箱 CAD 制图

4.4.1　暗装照明配电箱图例绘制

图例及图例比例尺寸：

图形主要由长边为 600、宽边为 300 的填充矩形组成，使用操作命令【矩形】【填充】等。

步骤 1：选择菜单【绘图】→【矩形】命令，绘制长 600、宽 300 的矩形。如图 4－30（a）所示。

命令：_ Rectang
当前矩形模式：厚度 =20　宽度 =20
指定第一个角点或 ［倒角(C)/标高(E)/圆角(F)/厚度(T)/宽度(W)］：w
指定矩形的线宽〈20〉：20
指定第一个角点或 ［倒角(C)/标高(E)/圆角(F)/厚度(T)/宽度(W)］：
指定另一个角点或 ［面积(A)/尺寸(D)/旋转(R)］：@ 600，300

步骤 2：选择菜单【绘图】→【图案填充】命令，填充矩形，如图 4－30（b）所示。
命令：_ bhatch

拾取内部点或［选择对象（S）/删除边界（B）］：填充图案选择"Solid"

正在选择所有可见对象…

正在分析所选数据…

正在分析内部孤岛…

拾取内部点或［选择对象（S）/删除边界（B）］

（a）　　　　　　（b）

图 4－30　暗装照明配电箱示例

4.4.2　暗装双电源切换箱图例绘制

图例及图例比例尺寸：

图形主要由长边为 600、宽边为 300 的矩形组成，并以对角形为界填充一半图形，使用操作命令【矩形】【直线】【填充】等。

步骤 1：选择菜单【绘图】→【矩形】命令，矩形长边为 600，宽边为 300。如图 4－31（a）所示。

命令：_ Rectang

当前矩形模式：厚度＝20　宽度＝20

指定第一个角点或［倒角（C）/标高（E）/圆角（F）/厚度（T）/宽度（W）］：w

指定矩形的线宽〈20〉：20

指定第一个角点或［倒角（C）/标高（E）/圆角（F）/厚度（T）/宽度（W）］：

指定另一个角点或［面积（A）/尺寸（D）/旋转（R）］：@ 600，300

步骤 2：选择菜单【绘图】→【直线】命令，绘制矩形对角线，如图 4－31（b）所示。

命令：_ Line

指定第一个点：输入矩形左上角点

指定下一点或［放弃（U）］：输入矩形右下角点

指定下一点或［放弃（U）］：

步骤 3：选择菜单【绘图】→【图案填充】命令，填充矩形对角线左侧半部分，如图 4－31（c）所示。

命令：_ bhatch

拾取内部点或［选择对象（S）/删除边界（B）］：填充图案选择"Solid"

正在选择所有可见对象…

正在分析所选数据 ...

正在分析内部孤岛 ...

拾取内部点或 [选择对象(S)/删除边界(B)]: 拾取点取矩形左半部分

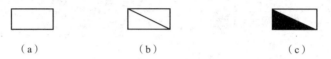

（a）　　　　　　　　　　（b）　　　　　　　　　　（c）

图 4 – 31　暗装双电源切换箱示例

4.4.3　暗装动力配电箱图例绘制

图例及图例比例尺寸:

图形主要由长边为 600，宽边为 300 的矩形组成，并横向填充一半图形，使用操作命令【矩形】【直线】【填充】等。

步骤 1: 选择菜单【绘图】→【矩形】命令，矩形长边为 600、宽边为 300。如图 4 – 32（a）所示。

命令: _ Rectang

当前矩形模式: 厚度 = 20　宽度 = 20

指定第一个角点或 [倒角(C)/标高(E)/圆角(F)/厚度(T)/宽度(W)]: w

指定矩形的线宽〈20〉: 20

指定第一个角点或 [倒角(C)/标高(E)/圆角(F)/厚度(T)/宽度(W)]:

指定另一个角点或 [面积(A)/尺寸(D)/旋转(R)]: @ 600, 300

步骤 2: 选择菜单【绘图】→【直线】命令，绘制矩形水平平分线，如图 4 – 32（b）所示。

命令: _ Line

指定第一个点: 输入矩形左边中点

指定下一点或 [放弃(U)]: 输入矩形右边中点

指定下一点或 [放弃(U)]:

步骤 3: 选择菜单【绘图】→【图案填充】命令，填充矩形下半部分，如图 4 – 32（c）所示。

命令: _ bhatch

拾取内部点或 [选择对象(S)/删除边界(B)]: 填充图案选择 "Solid"

正在选择所有可见对象 ...

正在分析所选数据 ...

正在分析内部孤岛 ...

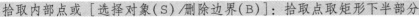

拾取内部点或［选择对象(S)/删除边界(B)］：拾取点取矩形下半部分

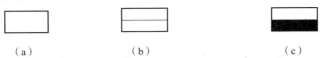

（a）　　　　　　　（b）　　　　　　　（c）

图 4－32　暗装动力配电箱示例

思考题

1. 怎样把单管荧光灯和双管荧光灯创建为带属性的外部块？
2. 绘制单联、双联、四联开关，并创建外部块。操作中都用了哪些绘图和编辑命令？
3. 绘制五孔插座，并创建外部块。操作中都用了哪些绘图和编辑命令？
4. 绘制电话、电视插座。操作中都用了哪些绘图和编辑命令？

第 5 章　建筑电气照明和消防施工图绘制

照明和消防施工图是建筑电气施工图中重要的组成部分，是重要的电气施工图纸之一。特别是照明施工图，所有工程都必须出照明施工图。消防施工图则根据其工程概况及其使用功能，再根据现行的国家规范和标准规定是否出图。根据本人的实际工作经验，现在百分之九十以上的工程都需要做消防设计。目前各设计部门除用 CAD 制图外，大部分都在使用电气设计软件。常用的电气设计软件包括浩辰 CAD 电气、天正 CAD 电气等都是在 AutoCAD 平台上进行二次开发的，不同的是浩辰 CAD 电气软件还支持自主研发的浩辰 CAD 平台，在使用上有很多相似的功能。在前几章所讲的 AutoCAD 基础上，本章以浩辰 CAD 电气软件为例详细介绍照明施工图和消防施工图的设计过程和设计方法。

第 1 节　建筑电气照明施工图绘制

在绘制照明施工图时，应根据国家有关"规范""标准"和"制图规范"在平面图上表示出照明灯具、开关、插座及照明配电箱的平面布置、安装方式及线路走向、线路分配和控制方式等内容。其绘制基本步骤如下：

1）绘图参数的设置。

2）在建筑平面图上进行照明设备布置。

3）在建筑平面图上进行照明设备之间的导线连接。

4）在建筑平面图上进行照明配电箱回路分配及导线根数标注。

如图 5-1 所示，这是一张某实际工程的建筑平面施工图。那怎样能根据它绘制出一张既满足国家规范规定，又能满足施工要求的照明平面施工图呢？下面将详细介绍如何使用浩辰电气软件绘制该照明平面施工图。

5.1.1　浩辰 CAD 电气软件界面及使用功能的简单介绍

浩辰 CAD 电气软件是在 AutoCAD 软件平台上进行二次开发的产品，支持自主研发的浩辰 CAD 平台，在使用中有很多相似功能。

浩辰 CAD 电气设计软件界面主要由主菜单、工具栏、屏幕菜单、命令行、绘图区、属性框、状态栏和功能框等部分组成，如图 5-2 所示。绘图和编辑命令可以从主菜单、工具栏、屏幕菜单、快捷键中寻找并使用，这和 AutoCAD 软件界面使用是一样的，唯有 Auto-CAD 软件界面没有屏幕菜单栏。其界面各部分功能如下：

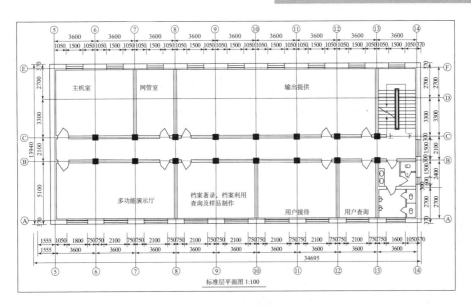

图 5 - 1　标准层建筑平面图

1——主菜单：可调用大多数命令及操作。

2——工具栏：可通过单击图标按钮调用命令，工具栏可以打开和关闭，通常设置只显示常用工具栏。

3——屏幕菜单：屏幕菜单基本功能和主菜单一样，只是操作方式有所区别。

4——命令行：在底部命令行可输入命令，上面几行可显示命令执行历史。

5——状态栏：状态栏中包括一些绘图辅助工具按钮，如栅格、捕捉、正交、极轴、对象追踪等，此外状态左侧会显示命令提示和光标所在位置的坐标值。

6——属性框：用于显示和编辑对象的属性，选择不同对象属性框将显示不同的内容。

7——功能框：选择功能弹出的对话框。

8——绘图区：绘图的工作区域，所有绘图结果都将放置在这个区域里。

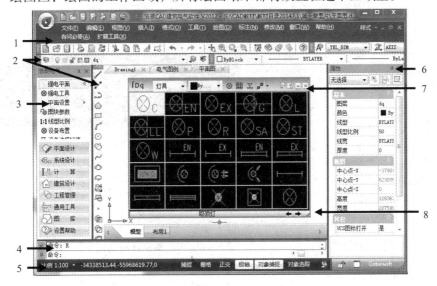

图 5 - 2　浩辰 CAD 软件界面

5.1.2 绘图参数的设置

在绘图前，需要对相关参数进行设定，主要包括设备布置参数、设备标注参数、导线和电缆的绘制样式、技术参数和标注样式等。下面详细介绍操作步骤。

1. 设备参数的设定

步骤 1：选择屏幕菜单浩辰电气：【强电平面】 → 【平面设置】，屏幕弹出对话框如图 5 –3 所示。

步骤 2：开始参数设定。

"沿墙距离"：设定设备图块的底部离墙线的距离，实际尺寸单位为毫米。例如，在布置配电箱时，如果配电箱嵌入墙内，则沿墙距离为 –200，表示当采用沿墙布置的时候，配电箱会自动布置到墙内 200 mm 的距离；如果配电箱不嵌入墙内，则沿墙距离为 0，表示当采用沿墙布置的时候，配电箱会自动布置到墙线上。

"旋转属性文字"：选中后，设备图块和线缆中的属性字，其角度会随着图块和线缆的改变而改变，若不选中，则设备图块和线缆中的属性字方向始终为正。

"设备替换后直接赋值"：只对"设备替换"操作有作用，可以在这里先设定好是否在设备替换后直接对设备赋值。如果是，设备替换完后，设备赋值对话框会自动弹出来，则可对设备进行赋值；否则，设备替换完之后，不能进行赋值。

"跨线距离"：设定导线跨越设备时（不与该设备连接），跨线断开的距离，单位为毫米。

"断线距离"：设定导线与其他回路导线相交时（非连接），相交处断线的距离，单位为毫米。

"沿墙距离"：设定线缆沿墙布置中导线与墙线间的距离，实际尺寸单位为毫米。

2. 定义设备标注形式

此命令只适用设置新的设备标注形式和修改已有的标注形式。

步骤 1：选择屏幕菜单浩辰电气：【强电平面】 → 【平面设置】 → 【标注定义】，屏幕弹出对话框如图 5 –4 所示。

图 5 –3　"平面设置"对话框　　　　　图 5 –4　"设备标注形式定义"对话框

步骤 2：开始参数设定。

"设备类别"：标注形式是按设备类别来定义的，每类设备可以定义多种标注形式，以后直接调用设备标注功能，可以自动按照设备的种类和标注定义的形式，提取设备的赋值信息，自动绘制在图纸上。

"标注形式名称"：输入名称，如"灯具标注－浩辰"，单击【加入】按钮，则新建一个新的标注形式；选择"↑"或"↓"则可以调整选中标注形式在列表中的位置。选择某种标注形式以后，这种形式的示意就会在图形区中实时显示出来。

"标注项目定义"：显示当前标注形式包含的标注项目的名称、水平位置、垂直位置等，并在右侧幻灯区直观显示出来。选择列表中的项目，在下面的【标注项目】栏中，输入"水平"坐标和选择"垂直"位置，可以确定标注项目的位置。

"标注项目"：从下拉列表中可以选取要标注的内容，单击【加入】按钮，即可加入到上面的标注项目定义列表中，并在右侧幻灯区中实时地显示出来；如果下拉列表中没有需要的项目，可以通过平面图库管理，即对此类设备定义新的"技术参数"，具体操作详见图库的有关说明。

"标注符号"：是指标注文字中的分割符号等，同样也在【标注项目定义】中列出，操作方法同"标注项目"。

"横线"：定义有分子、分母形式的标注，通过定义"起点"和"终点"坐标来定义横线的长短，调整分隔线终点位置，在示意图中动态显示。注意相应的标注内容，在垂直选项中应选择"上"或"下"。

3. 定义导线、电缆的绘制样式、技术参数和标注样式

步骤1：选择屏幕菜单浩辰电气：【强电平面】→【平面设置】→【线缆设置】，屏幕出现"线缆设置"对话框，对话框有三个选项卡：绘制样式、技术参数、标注样式，如图5－5、图5－6和图5－7所示。

  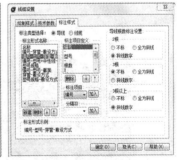

图5－5　"绘制样式"选项卡　　**图5－6　"技术参数"选项卡**　　**图5－7　"标注样式"选项卡**

步骤2：开始参数设定。

1）绘制样式：在左侧"线缆列表"中双击已经定义好的线缆，在右边的框格中对各项参数进行编辑，然后单击【添加】按钮，定义新的线型。不同线型可绘制并定义在同一图层上，线宽可按制图标准定义，单位为毫米。

2）技术参数：在右侧的"参数定义"栏中可以添加新的参数名称，单击【确定】按钮可以保存修改的技术参数。定义的这些参数，在线缆赋值时列出，完成赋值后，在统计时可以自动统计汇总。

3）标注样式：可以在此定义线缆的标注形式：

"标注类型选择"：分为导线、线缆、桥架三类，首先要定义标注类型的种类。

"标注形式名称"：输入新的标注名称，单击【新建】，加入标注形式名称列表。

"标注项目定义"：选择一个标注的名称，在标注项目中选择一个标注项目，或一个分隔符，单击【加入】加入上面的列表中。在标注形式示例中显示标注的实际样式。特别指出，标注项目的内容为线缆设置中技术参数定义的内容，标注项目的输入顺序为从左向右、从上到下。

"导线根数标注设置"：在这里可以设置 2 根、3 根及 3 根以上导线根数标注的形式。线缆统计时，默认按照此项定义自动统计线缆长度。

5.1.3 在建筑平面图上绘制照明设备及布置

在建筑平面图中布置照明设备，就是把一些事先做好的照明图例、图块插入到建筑平面图中并按照《照明设计标准》GB 50034—2013 布置。浩辰 CAD 电气软件提供了操作简单且内容丰富的图库管理系统，还支持将自定义的图块添加到图库管理系统中。在建筑平面图上布置设备有很多方法，下面以图 5 – 1 为例详细介绍。

1. 房间均布

这种方法适合形状规则的房间，多为矩形区域或多边形区域。选择要布置的房间，然后输入在该区域所需布置设备的行列数，系统就能够自动根据该区域形状均匀布置设备。

步骤 1：单击【强电平面】→【设备布置】，会弹出如图 5 – 8 所示对话框。首先选择所需布置的设备图例，如"双管荧光灯"，再选择"房间均布"，弹出如图 5 – 9 所示对话框。对话框参数修改为：房间类型为"矩形房间"，"行数"为"2"，"列数"为"2"，"图块插入角"为"90"。

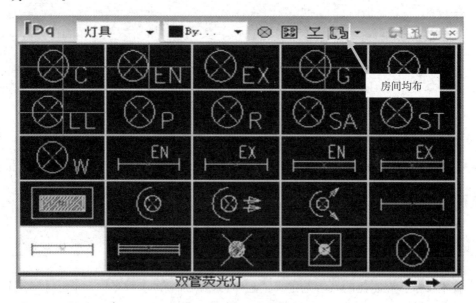

图 5 – 8 "设备布置"对话框

步骤2： 根据命令行提示信息，选择所要布置灯具的房间，单击矩形房间的左上角点和右下角点，即可完成灯具布置。布灯后的效果图如图5-10所示。

图5-9 "房间均布"对话框

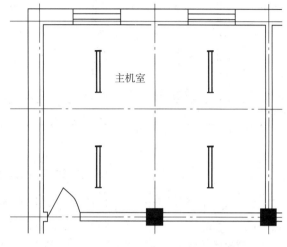

图5-10 "房间均布"双管荧光灯示例

2. 行列布置（窗口拖动）

此命令通过设置行数、列数、边距比、旋转角、图块插入角、错位方式和连线方式等在窗口拖动的区域内布置设备。

步骤1： 单击【强电平面】→【设备布置】，弹出如图5-11所示对话框，选择设备图块，如"双管荧光灯"，再选择"行列布置（窗口拖动）"，弹出如图5-12所示对话框。在此对话框中根据绘图需要设置参数"行数"为"2"，"列数"为"5"，"边距比"为"0.5"，"图块插入角"为"90"，"错位方式"为"不错位"，"连线方式"为"不连"。

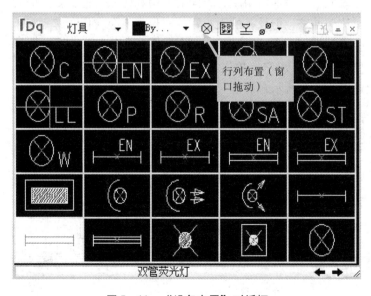

图5-11 "设备布置"对话框

图5-12 "行列布置"对话框

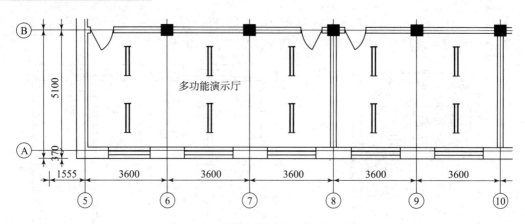

图 5 - 13　行列布置（窗口拖动）示例

步骤 2：根据命令行提示，选择所要布置灯具的房间，单击矩形房间的左下角点和右上角点，即可完成灯具布置。布灯后的效果图，如图 5 - 13 所示。

> 命令：PM_ RTBZ_ WND
> * 行列布置（窗口拖动）* = PM_ RtBz_ Wnd
> 请输入窗口的第一点〈回车结束〉：
> 请输入窗口第二点：

其他房间的灯具布置可以采用上述方法进行布置，也可以采用设备编辑的方式来进行布置。通过对建筑平面图的分析得出，其他房间与已经布置灯具的房间是相同的，所以可以进行下一步。

3. 房间复制

此命令可以复制设备和线缆，同时可以用来伸缩线缆长度和设备间距，用于大小不同但设备和线缆布置相同的房间或其他区域。可对任何角度、方向的房间和区域进行复制。房间复制后，线缆的长度和设备间距呈比例伸缩，但设备的大小和相对位置不会变化。

步骤 1：单击【强电平面】→【设备编辑】→【房间复制】后，根据命令行提示选择作为原型的房间如图 5 - 14（a）所示，先单击左上角作为选择区域的第一点，再选择右下角作为选择区域的第二点，弹出如图 5 - 15 所示对话框。

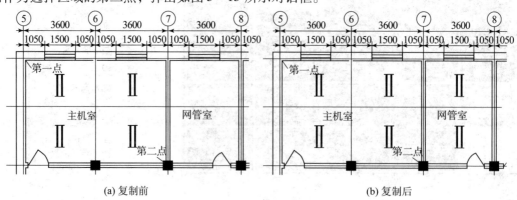

(a) 复制前　　　　　　　　　　　　　　　(b) 复制后

图 5 - 14　房间复制示例图

步骤 2：根据命令行提示，选择目标房间（用鼠标左键点房间的左上角和右下角），即可完成布置效果，如图 5 - 14（b）所示。

采用相同的方法，可以完成其他所有房间的灯具布置，最后完成灯具布置，如图 5 - 16 所示。

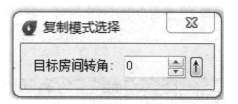

图 5 - 15　"复制模式选择"对话框

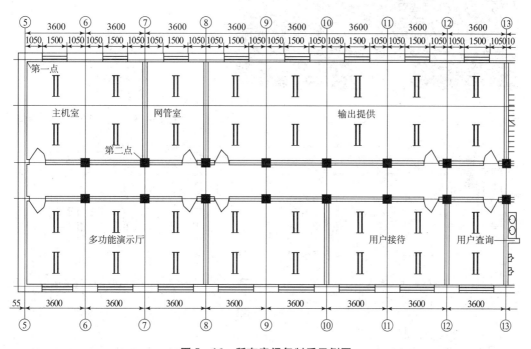

图 5 - 16　所有房间复制后示例图

4. 任意布置

此命令可以在平面图中的任意指定位置绘制各种电气设备图例图块，下面以建筑图中房间、走道和卫生间为例进行设备布置。

步骤 1：单击【强电平面】→【设备布置】，选择对话框中"双管荧光灯"（各功能房间）、"筒灯"（走道）或"防水防尘灯"（卫生间），再选择"任意布置"，如图 5 - 17 所示对话框，执行此操作，弹出如图 5 - 18 所示对话框，选择"不连"。

命令栏屏幕提示：

```
任意布置 * = PM_ Rybz
状态：比例 1.00 * 100　角度 50.00
点取位置或 {转90°【A】\上下翻转【E】\左右翻转【D】\转角【Z】\沿线【F】\回退【U】}
〈退出〉：
输入"A"，设备旋转 90°（可连续旋转）。
输入"D"，设备左右旋转。
输入"Z"，在图面移动鼠标可将设备旋转至任意角度（也可以直接输入角度）。
输入"F"，在图中选择直线或圆，即可在该直线（或直线的延长线）或圆上精确布置设备。
```

步骤 2：根据命令行提示选择"各功能房间"，"走道"和"卫生间"区域，可以直接单击布置点，得到如图 5 - 19 所示"任意布置"示例图。

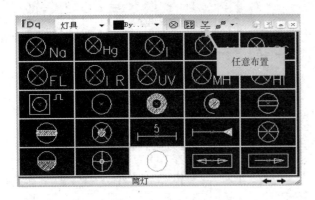

图 5 - 17 "设备布置"对话框   图 5 - 18 "连接方式"对话框

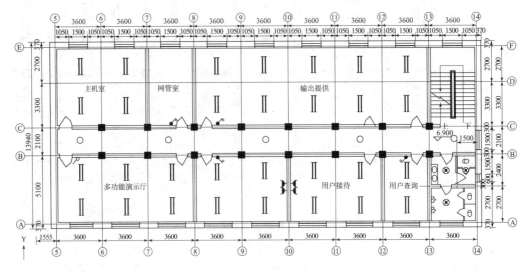

图 5 - 19 "任意布置"示例图

5. 开关和配电箱布置

开关命令用于布置照明灯具的控制开关，操作时会自动找到距离门最近墙线的一端，一般设在门的开启方向侧，并距该端及门边一定距离沿墙布置开关，布置多个开关时可选择是否连线。配电箱布置时，一般沿墙线，可以嵌入墙内设置，也可以在墙线上设置。

步骤 1：单击【强电平面】→【设备布置】，选择对话框中【开关】下的"暗装双极开关"，如图 5 - 20 所示。再选择"开关布置"，弹出如图 5 - 21 所示"开关布置"对话框。根据绘图需要，"偏移距离"设为"400"，"连线方式"设为"不连"。

步骤 2：选择墙线的端点后，开关会自动偏移已设置的距离，晃动鼠标可以自动切换开关的方向，得到如图 5 - 22 所示开关布置示例图。同理，其他房间的开关布置可以采用同样的方法进行操作。

步骤 3：在单击【强电平面】→【平面设置】所弹出的对话框中，"沿墙距离"设为"0"，如图 5 - 23 所示。在"设备布置"对话框中选择"照明配电箱"，如图 5 - 24 所示。

"沿墙布置"对话框中输入数量"1"，单击顺时针按钮，连线设置为"不连"。设置完成之后，选择墙线，完成如图 5-25 所示。

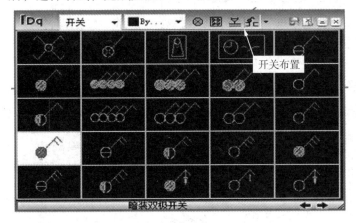

图 5-20　开关"设备布置"对话框　　　　　　图 5-21　　"开关布置"对话框

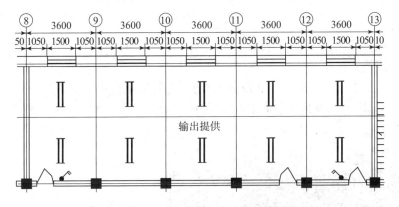

图 5-22　开关布置示意例图

图 5-23　"沿墙布置"对话框

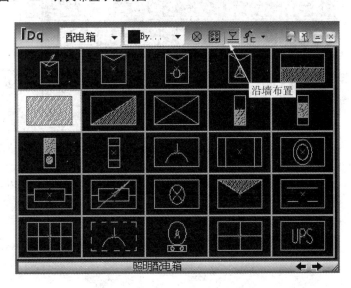

图 5-24　"配电箱布置"对话框

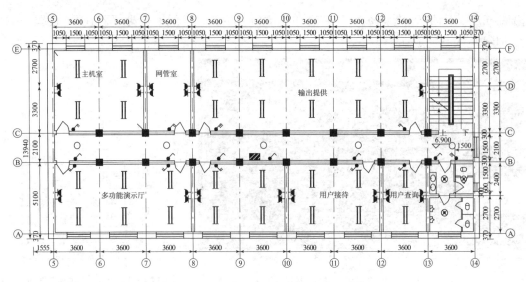

图 5 – 25　沿墙布置开关、配电箱示例图

6. 插座布置

此命令是在指定两点的连线与墙线的交点处插入设备，可以设置在墙的单侧或双侧布置，并可自动连线。

步骤 1：单击【强电平面】→【设备布置】，选择对话框中"插座"下的"单相三极加两极暗插座"，如图 5 – 26 所示。再选择"插座穿墙"，弹出如图 5 – 27 所示"插座穿墙"对话框，在"设置"单击"墙的双侧"　按钮图标。

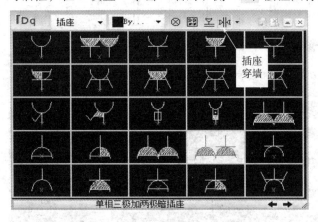

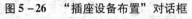

单相三极加两极暗插座

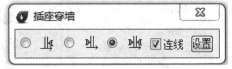

图 5 – 26　"插座设备布置"对话框　　　　　图 5 – 27　"插座穿墙"对话框

步骤 2：选择第一点和第二点，如图 5 – 28 所示。完成对上述设备进行布置后的效果，如图 5 – 29 所示。

命令行会显示提示信息：

命令：PM_ CZCQ

＊插座穿墙＊＝PM_ Czcq

请选择布置线起点〈回车结束〉：

请选择布置线终点〈回车结束〉：

同理，其他房间的插座布置可以采用同上述方法操作，再用 CAD 编辑命令删掉室外插座，最后得到如图 5 – 30 所示所有插座布置示例图。

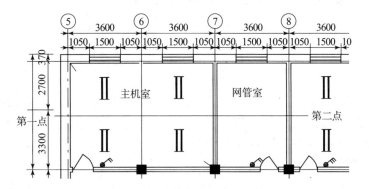

图 5 – 28　插座穿墙前示例图

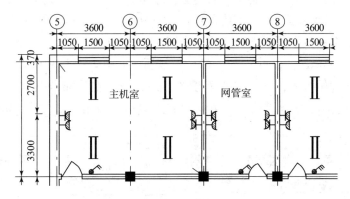

图 5 – 29　插座穿墙后示例图

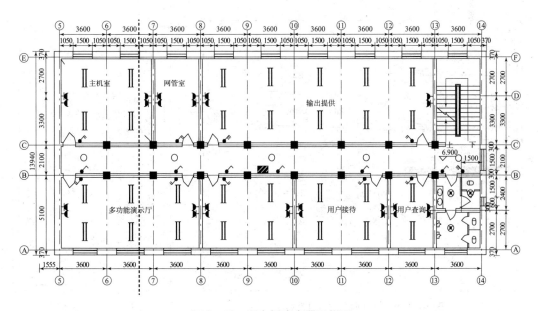

图 5 – 30　所有插座布置示例图

5.1.4 绘制照明设备之间的导线连接

在平面中绘制照明灯具、开关、插座等设备之间的导线是一项非常重要的工作，绘制导线之前要对导线进行参数设置。

1. 连续布线

此命令以连续输入布置点的布线方式，绘制连续的导线。连续布线在绘制电气施工图中的各电气设备之间导线连线时常常使用。

步骤 1：单击【强电平面】→【平面布线】→【连续布线】会弹出如图 5 – 31 所示"线缆参数"对话框。

步骤 2：单击 按钮，即可进入线缆设置对话框："绘制样式""绘制信息""文字信息"。单击"绘制样式"弹出对话框，在对话框中输入名称：照明灯具线；颜色：青色；线型：CONTINOUS；线宽；0.5；文字信息：否。完成参数设定，如图 5 – 32 所示。然后单击"添加"按钮，线缆参数设置成功。然后单击图 5 – 31 对话框"线路类型"下拉菜单，把照明灯具线置为当前，单击"断线"和"断己"按钮。如图 5 – 33 所示。

步骤 3：单击 按钮，弹出"平面设置"对话框，在"布线设置"中根据绘图需要修改参数，如断线距离改为"2.0"，参数设置完成后，单击"确定"，如图 5 – 34 所示。

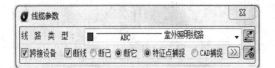

图 5 – 31 "线缆参数"对话框

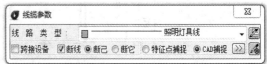

图 5 – 33 "线缆参数"设置对话框

图 5 – 32 "绘制样式"对话框

图 5 – 34 "布线设置"对话框

步骤4：选择所要连接的起始照明灯具，从起始照明灯具开始引出一条导线，再选择下一个灯具，即可将两个灯具连线，依次选择多个灯具，可将多个灯具连线。如果多个灯具规则布置且在一条直线上，直接选择首端灯具再选择终端灯具连线，则直线通过的所有灯具均连线。如果插座回路连线设置与照明线相同，则可用相同的方法连接插座。如图 5 - 35 所示。

平面布线还可以选择"间断布线"，其参数设置与"连续布线"参数设置基本相同，这里不再详细介绍。

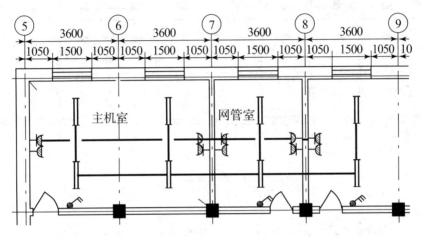

图 5 - 35　连续布线示例

2. 开关布线

此命令按就近原则，把照明平面图中开关和灯具自动连线。

步骤：单击【强电平面】→【平面布线】→【开关连线】，框选要连线的设备后，开关与最近的灯具相连。如果几个开关同时与一个灯具最近，那这几个开关就同时与这个灯具相连，这种情况下，可以用 CAD 编辑功能改写。完成后如图 5 - 36 所示。

同理，其他房间的开关连线可以采用同样的方法操作，最后得到如图 5 - 37 所示开关布线最后示例。

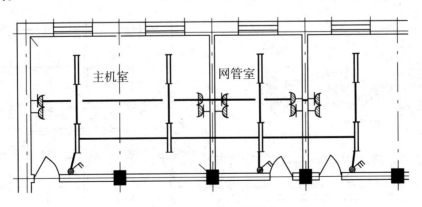

图 5 - 36　开关布线示例

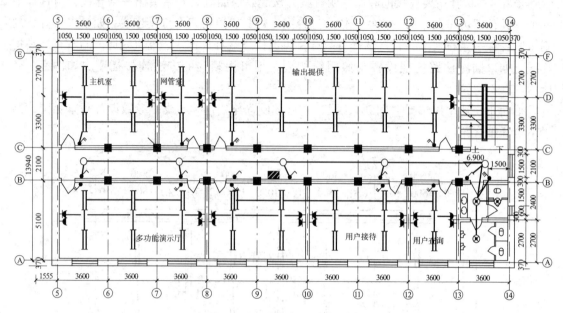

图 5-37 开关布线最后示例

3. 配电连线

此命令从配电箱（盘）逐条引出导线，布置在灯具、插座等电气设备上，进行配电连线。

步骤 1：单击【强电平面】→【平面布线】→【配电连线】，在屏幕上弹出"箱盘出线参数"对话框，根据绘图需要在此对话框中设置参数如：方式选"引线式"；引线距离输入"1"；分支间距输入"1.5"。其中距离值为平面上尺寸（单位：mm），参数设定完成后如图 5-38 所示。

步骤 2：单击配电箱，然后拖动鼠标，上下移动选择不同回路和确定走线方向，如图 5-39 所示。

完成对上述设备进行连线后的效果，如图 5-40 所示。

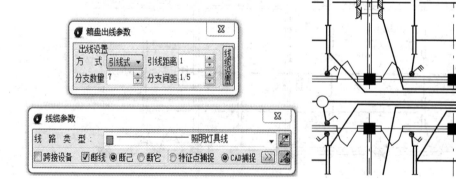

图 5-38 "箱盘出线参数"对话框

图 5-39 箱盘出线示例图

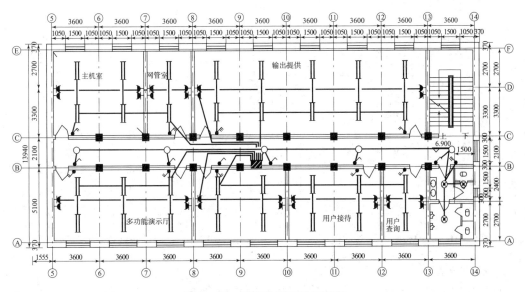

图 5 – 40　箱盘出线最后示例图

5.1.5　绘制照明配电箱回路分配及照明设备、导线标注

设备标注是绘制电气施工图过程中的重要环节，在绘制平面图时需要对图中导线和设备标注其型号、规格和数量等相关信息参数。由于电气设备在平面布置时没有赋予这些属性（属性信息即型号、规格、数量等），所以在标注之前，要先进行设备赋值，只有赋值后的设备才可以识别其类别，自动统计汇总到材料表中。

浩辰 CAD 电气软件提供了对设备赋值和线缆赋值的功能，其中设备赋值又包括设备选择赋值和设备整体赋值。

1. 设备选择赋值

此命令用于对平面图中一个或一类设备进行型号、规格、数量等属性信息赋值。

步骤：单击【强电平面】→【设备选择赋值】，选择一个设备，例如"双管荧光灯"，在屏幕上弹出如图 5 – 41 所示"设备赋值"对话框。默认参数可以修改，单击"确定"，完成赋值。赋值后的设备颜色在对话框中会发生变化。如果勾选"选择同类"，赋值后可以按提示框选要赋值的平面上同样的设备。

2. 设备整体赋值

此命令用于对当前图中所有设备进行赋值。

步骤 1：单击【强电平面】→【设备整体赋值】，框选需要赋值的全部设备，再单击鼠标右键或空格，在屏幕上会弹出如图 5 – 42 所示"平面设备整体赋值"对话框。

步骤 2：分类填写完对话框中所有参数后，单击"赋值"，即可完成对所有设备的赋值。如果图中同一图块已经被赋予了不同的参数信息，对话框中该设备的参数信息用红色表示不能修改。右键单击该参数，文字颜色将被修改为黑色，可以修改参数值，图中该类图块将被赋予同一种参数信息。

赋值后的电气设备符号颜色会发生改变。

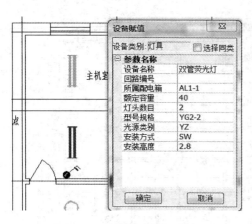

图 5-41　"设备赋值"对话框

图 5-42　"平面设备整体赋值"对话框

3. 线缆赋值

此命令用于对平面图中各种电线、电缆进行赋值和检查，以便进行标注和统计材料表。

步骤 1：单击【强电平面】→【线缆赋值】，在屏幕上弹出如图 5-43 所示"线缆赋值/检测"对话框。

步骤 2：单击"导线"按钮，填写相关参数，然后选择需要赋值的导线，再单击鼠标右键或空格，即可以完成赋值，如图 5-44 所示。

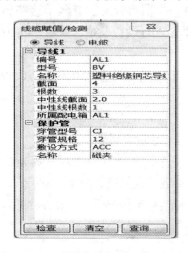

图 5-43　"线缆赋值/检测"对话框

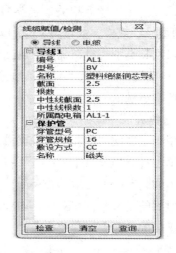

图 5-44　线缆赋值后"线缆赋值/检测"对话框

4. 回路编号标注

此命令用于标注或修改平面图中所有电线、电缆各回路编号。

步骤 1：单击【强电平面】→【回路编号标注】，在屏幕上弹出如图 5-45 所示对话框（根据图中照明和插座回路编号需要修改参数后的对话框）。

步骤 2：选择"线缆"，即可以对照明和插座线缆进行回路编号标注，点选下一根线缆，线缆编号会自动增加"1"（增量可自定义），标注后示例如图 5-46 所示。

在标注过程中，若要切换标注，可直接在键盘输入，例如点选线缆后，当前标注为 AL1，若想切换至 AL5，则只需要键盘输入"AL5"，单击鼠标左键确定。再如当前标注为 AL2，若想切换至 WL8，则在键盘输入"WL8"后，单击鼠标左键确定，即可切换至 WL8。

图 5 – 45　"回路编号"对话框

5. 配电箱编号标注

步骤：单击【强电平面】→【设备标注】，点选配电箱在屏幕上弹出如图 5 – 47 所示"配电箱标注设置"对话框。

从左至右依次为：

"标注字高"：标注文字的高度，图纸尺寸，单位 mm。

"标注角度"：标注文字的角度，0 度或 90 度。

"标注形式"：选择一种你想要的标注形式（如编号）。

"统计数量"：选择自动统计，可根据标注时框选的设备自动统计出数量并标注。

"标注方式"：标注方式分边注式和引线式（根据需要选择）。

"字线距离"：文字和导线之间的距离（根据需要选择）。

赋值之后配电箱编号标注如图 5 – 48 所示。

6. 线导线根数标注

此命令用于平面图中标注和修改所有线缆的根数。

步骤 1：单击【强电平面】→【根数标注】，点选配电箱在屏幕上弹出如图 5 – 49 所示"线缆根数"对话框。

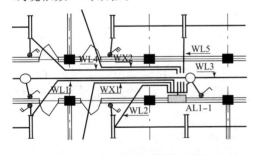

图 5 – 46　"回路编号"示例

图 5 – 47　配电箱"标注设置"对话框

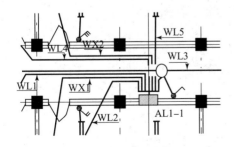

图 5 – 48　"配电箱编号"标注示例

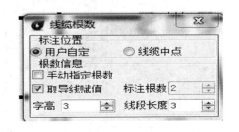

图 5 – 49　"线缆根数"对话框

"标注位置"是指线缆标注放置的位置，根据需要自定，本图选择用户自定。

"根数信息"选择手动指定根数还是取导线赋值，选择手动指定根数需要在键盘中输入对应的数字，取导线赋值将读取导线赋值时的参数。

"字高"和"线段"长度用户根据需要自己设定，本图设置"字高"为 3 mm，"线段"长为 3 mm。

步骤 2：选择要标注的导线，即可完成导线根数标注。如图 5 - 50 所示。

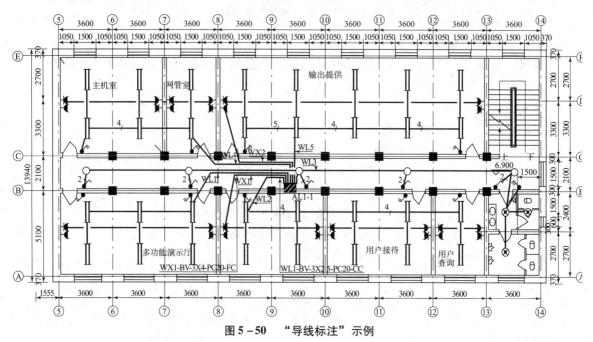

图 5 - 50 "导线标注"示例

7. 电线、电缆标注

此命令用于对平面图中各配电回路的电线、电缆进行标注。下面讲解对图 5 - 48 中配电箱 AL1 - 1 中 WL1 回路和 WX1 回路进行导线标注。

步骤 1：首先对线缆赋值，单击【强电平面】→【线缆赋值】，弹出线缆赋值/检测对话框。根据绘图需要输入正确的参数，单击"赋值"按钮，选择所需要赋值的导线，按回车键，赋值完成。如图 5 - 51 所示。

图 5 - 51 "线缆赋值/检测"对话框

步骤 2：单击【强电平面】→【线缆标注】，弹出"标注设置"对话框，标注形式可以在"线缆标注样式"对话框中定义，字高输入"3"；标注方式选择"引线式"；角度选择"0"；线缆选择"导线"；当有中性线时，名称可选用标注形式：编号 – 型号 – 中性线 – 穿管 – 敷设方式，如图 5 – 52 所示。

图 5 – 52　"标注设置"对话框

步骤 3：选择要标注的导线，即可完成线缆的标注。如图 5 – 53 所示。

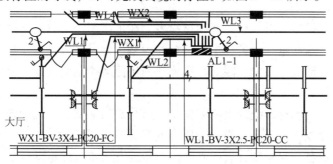

图 5 – 53　"线缆标注"示例

如图 5 – 54 所示照明平面图，就是通过浩辰 CAD 电气软件，绘制完成的一张完整的、满足规范要求的、可以施工的照明平面施工图。

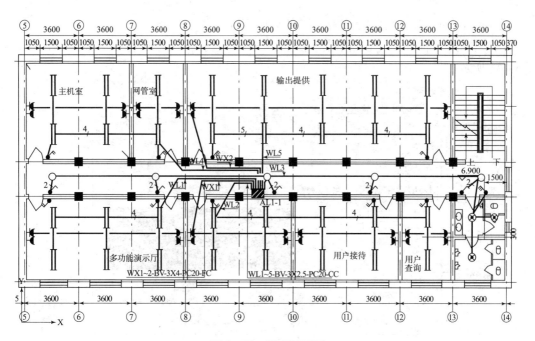

图 5 – 54　照明平面图

在绘制照明平面图的过程中，有一些绘图小技巧需要掌握。在介绍"房间复制"命令时，只介绍了用"房间复制"命令复制照明灯具的功能，其实除了复制灯具外，还可以用此命令复制插座、开关、配电箱、导线等图形对象，并且可以根据房间面积的大小自动缩放定位，还可以用于房间镜像。

另外"信息查询"命令，当对设备赋值完成后，需要查询个别设备的赋值信息时，可以用"信息查询"命令的功能。单击【强电平面】→【信息查询】，将鼠标停在需要查询的对象上，即可显示该对象赋值的所有信息。

第 2 节　平面图设备表与材料表的生成

电气施工图还包括所有电气设备表和材料表。在平面图中所有电气设备是用图形符号或文字符号等表示的，这些电气设备和主要材料的规格、型号、数量以及敷设和安装方式等具体内容需要以表格的形式列出来。因此，熟练掌握快捷地绘制电气图例设备统计表和材料统计表的方法会大大提高制图效率。

生成带图例的设备与材料统计表的前提是，所绘制的平面图中的设备已经赋值。所以在绘制平面图时一定要规范，绘制过程中对所有电气设备进行赋值。

生成带图例的设备与材料统计表的基本操作步骤有三步，即定义设备与材料统计表的样式、在平面图中统计设备数量并生成材料表、合并设备与材料统计表。

5.2.1　定义设备与材料统计表

此命令主要是实现对设备表的格式、统计内容进行定义。

单击【强电平面】→【设备表】→【设备表定义】，弹出"设备表定义"对话框，如图 5 - 55 所示。

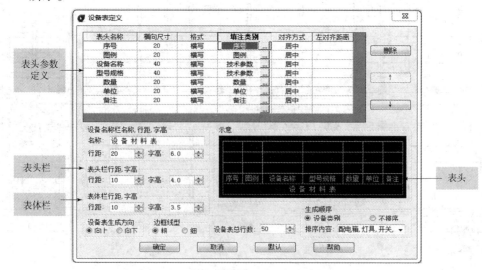

图 5 - 55　"设备表定义"对话框

1. 定义设备表格式

在图 5−55 "设备表定义" 对话框中，设备定义表分为三部分："表头"，可以设置设备表的表头名称、表格宽度、书写格式等；"表头栏" 可以设置表头的名称、行距高度、字体高度等参数；"表体栏" 可以设置表体部分的行距高度、字体高度等。

2. 定义统计栏目

设备的每一列都可以设置统计的内容，在 "表头名称" 一列列出了所有的统计栏目，可以从菜单中选择，也可以重新输入新的名称，在右侧的示例中，可以动态显示出来。其中 "横向尺寸" 是指统计栏目的宽度。

3. 定义统计栏目的填写内容

在 "填注类别" 中，可以选择该栏目的统计内容，单击右侧的 按钮进入如图 5−56 所示 "填注类别定义" 对话框。在左侧列表中显示了可以选择的类别，其中除 "技术参数" 外的选项都有固定意义和统计规则，不能修改。设备的单位为 "个"，线缆的单位为 "米"。

选择 "技术参数" 后，在右侧的列表框中显示了各类设备的统计项目。列表框显示了该项目中，对于各类设备导线的统计内容及相关格式设置，例如，单击 "设备类别" 项下面的任意选项右侧的 按钮，弹出如图 5−57 所示 "标注样式设置" 对话框。在 "标注项目定义" 列表中显示了选择的统计项目和在设备表中的书写格式。在标注项目中可以选择统计的项目，加入到上面的列表中。当然，分隔符也可以同样输入。其中 "标注项目" 中的选项可以在设备参数定义中修改增加。

图 5−56　"填注类别定义" 对话框

图 5−57　"标注样式设置" 对话框

4. 增加新的统计栏目

根据绘图需要，可以增加新的栏目。栏目名称可以从菜单中选择，也可以输入新的名称。填写后面的横向尺寸、格式、填注类别、对齐方式、左对齐距离。如果选择居中，则不用选择该项目。

5. 表格生成控制

设备表生成方式是可以控制的，在对话框的下部有相应的选项。其中 "设备表总行数" 一般默认定义值为 50，当总行数超过该值，设备表将分成两个表生成。根据 "生成顺序"

定义，可以设置在表中按"设备类别"排序的书写规则，也可以按"不排序"方式生成。其中"默认"是指恢复设备表的默认格式及内容。

5.2.2 平面统计

此命令用于对当前平面图中选中区域内的被赋值后的设备进行统计，生成设备表。

步骤1：单击【强电平面】→【设备表】→【设备表生成】，出现如图 5 – 58 所示"设备表生成"对话框。对话框中各选项含义如下：

"生成空表"指生成空表后再用表格填写功能或设备表编辑功能填表；"空表行数"是指输入想要生成空表的行数。灰色表示不可用，必须启动"生成空表"按钮后才可用。

"线缆裕度"指程序统计线缆长度时考虑到实际工程的情况而留有的余地，这里允许对统计数据加大，线缆裕度通常选 0.12 ~ 0.15。

图 5 – 58　"设备表生成"对话框

步骤2：单击【自动统计】，系统命令栏会提示：

* 平面设备表生成 * = PM_ SBBSC
请输入楼层数量〈1〉：1

注：输入楼层数量，指统计重复数。如果统计的是某个标准层，则可以输入标准层的数量，统计的是所有标准层的设备材料；如果统计的是一个标准房间，则可以输入标准房间的数量。

请输入选择方式【0 – 框选∕1 – 指定统计区域】〈0〉：0

框选图 5 – 54 所示照明平面图中"⑧ ~ ⑭轴之间上半部分房间"作为统计分范围，也可以直接回车统计全图，完成表格生成，如表 5 – 1 所示。

表 5 – 1　设备材料表生成示例

5	—	照明灯具线	—	44.1	米	—
4		单相三极加两极暗插座	250V,10A	1	个	—
3		暗装双极开关	250V,10A	2	个	—
2		三联翘板式暗开关	250V,10A	1	个	—
1		双管荧光灯	YG2-2 2×36 YZ	10	个	—
序号	图例	设备名称	型号规格	数量	单位	备注
设备材料表						

5.2.3　合并设备与材料统计表

在一张电气施工图 CAD.dwg 图形文件中，可能生成了若干张设备表。在进行设备统计时，出图要求同类系统只出一个设备材料统计表，或几个系统出一个设备材料统计表。如果想要统计生成总表，可以执行以下操作：

单击【强电平面】→【设备表】→【设备表合成】，然后依照程序提示选择需要合并的设备表，指定新的设备表的生成位置后，合并后的设备表自动生成。自动生成总表的同时并不删除原来的设备表。具体操作这里不再详细说明。

第 3 节　建筑电气消防平面图绘制

火灾报警及联动施工图是建筑电气施工图重要的组成部分，在绘制消防施工图时，应根据国家有关"规范""标准"和"制图规范"，在平面图上表示出感烟探测器、感温探测器、手动报警按钮、消防广播、消防电话等消防报警设备以及各种阀门、排烟口、送风口等用于火灾时启动消防设备的各种消防联动设备。另外，在平面图中还要表示出布置、安装方式及线路走向、线路分配和控制方式等内容。

其绘图的基本步骤与照明平面图的绘制步骤类似，即绘图参数的设置；在建筑平面图上进行消防设备的布置；在建筑平面图上进行消防设备之间的导线连接；消防报警及联动回路的分配及导线规格、型号的选择；消防回路导线根数标注；消防设备材料表的统计与生成。

如图 5-59 所示档案馆标准层建筑平面图，这是一张某实际工程的建筑平面施工图，其建筑类别为一类高层建筑，按《火灾自动报警设计规范》要求，应设火灾自动报警系统。那怎样能根据它绘制出一张既满足国家规范要求，又能满足施工要求的消防平面施工图呢？下面将详细介绍如何使用浩辰电气软件绘制该消防平面施工图。

浩辰电气软件基本知识以及绘图参数的设置，我们在本章第一节中已经详细介绍了，这里就不再重复介绍。

5.3.1　在建筑平面图上绘制消防设备及布置

在建筑平面图中布置照消防设备，就是把一些已经做好的消防图例、图块插入到建筑平面图中，按照《火灾自动报警设计规范》规定布置。浩辰 CAD 电气软件提供了操作简单且内容丰富的图库管理系统，还支持将自定义的图块添加到图库管理系统中。在建筑平面图上布置设备有很多方法，下面详细介绍智能感烟报警探测器、带手动报警按钮的电话插孔、消火栓按钮、声光警报器、水流指示器、信号阀、消防广播、消防电话等消防设备的平面绘制与布置。

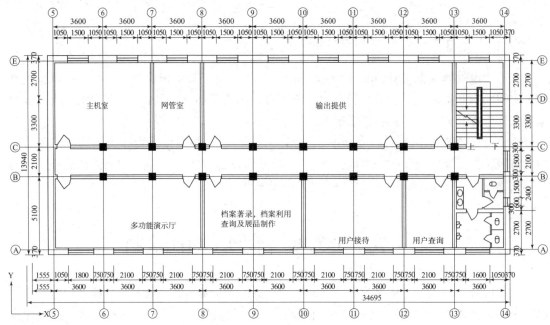

图 5-59　档案馆标准层建筑平面图

1. 感烟探测器布置

根据平面图房间功能特点，感烟探测器的保护半径为 5.8 米，保护面积为 60 mm²，一般大面积的房间宜采用行列布置或房间均布，小面积的房间宜采用任意布置。

行列布置和房间均布适合面积规则的房间，多为矩形区域或多边形区域。选择要布置的房间，通过计算，然后输入在该区域所需布置消防设备的行列数，系统能够自动根据该区域形状，均匀布置设备。

（1）房间均布。

步骤 1：单击【弱电平面】→【设备布置】，弹出如图 5-60 所示"设备布置"对话框。先选择所需布置的设备图例，如"感烟探测器"。再选择"房间均布"，弹出如图 5-61 所示"房间均布"对话框。对话框内的参数根据绘图需要进行设置为："房间类型"为"矩形房间"，"行数"为"1"，"列数"为"2"，"图块插入角"为"0"。

步骤 2：根据命令行提示选择所要布置感烟探测器的房间，单击矩形房间的左上角点和右下角点，即可完成感烟探测器布置。完成后的效果图如图 6-62 所示。

命令行提示信息：

```
命令：PM_ FJJB_ RD
*房间均布* =PM_ FJJB_ RD
请输入房间第一角点〈回车结束〉：
请输入房间对角点〈回车结束〉：
```

（2）行列布置（窗口拖动）。

此命令通过设置行数、列数、边距比、旋转角、图块插入角、错位方式和连线方式等在窗口拖动的区域内布置设备。

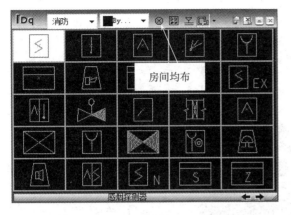

图 5 - 60　"设备布置"对话框　　　　图 5 - 61　"房间均布"对话框

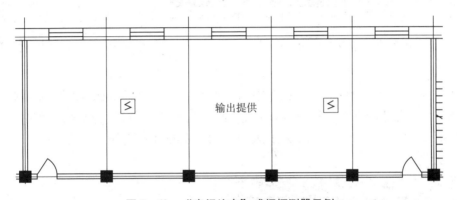

图 5 - 62　"房间均布"感烟探测器示例

步骤 1：单击【弱电平面】→【设备布置】，弹出如图 5 - 63 所示对话框，选择设备图块，如"感烟探测器"。再选择"行列布置（窗口拖动）"，弹出"行列布置（窗口拖动）"对话框，如图 5 - 64 所示。"行数"为"1"，"列数"为"2"，"边距比"为"0.5"，"图块插入角"为"0"，"错位方式"为"不错位"，"连线方式"为"不连"。

步骤 2：根据命令行提示选择所要布置感烟探测器的房间，单击矩形房间的左下角点和右上角点，即可完成感烟探测器的布置。完成后的效果图与"房间均布"相同，如图 5 - 62 所示。

命令行提示信息：

命令：PM_ RTBZ_ WND_ RD
* 弱电行列布置（窗口拖动）* = PM_ RtBz_ Wnd_ Rd
请输入窗口的第一点〈回车结束〉：
请输入窗口第二点：
请输入窗口的第一点〈回车结束〉：
请输入窗口第二点：

其他房间的感烟探测器布置可以采用上述方法进行布置，也可以采用设备编辑的方式来进行布置。通过对建筑平面图的分析得出，其他房间与已经布置感烟探测器的房间是相同的，所以可以进行下一步。

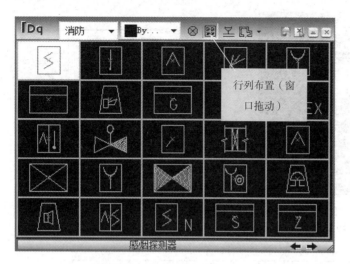

图 5-63 "设备布置"对话框　　　　　图 5-64 "行列布置"对话框

（3）任意布置。

其他房间可采用此命令，在平面图中的任意指定位置绘制感烟探测器图例图块。

步骤1：单击【弱电平面】→【设备布置】，选择对话框中"感烟探测器"，再选择"任意布置"，如图 5-65 所示。执行此操作，弹出如图 5-66 所示"连线方式"对话框，选择"不连"。

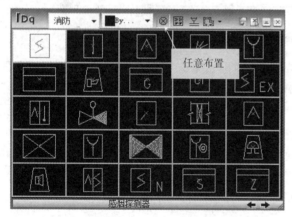

图 5-65 "设备布置"对话框　　　　　图 5-66 "连线方式"对话框

命令栏屏幕提示：

```
＊任意布置＊ =PM_Rybz
状态：比例1.00＊100　角度50.00
点取位置或｛转90°【A】\上下翻转【E】\左右翻转【D】\转角【Z】\沿线【F】\回退【U】｝〈退出〉：
输入"A"，设备旋转90°（可连续旋转）。
输入"D"，设备左右旋转。
输入"Z"，在图面移动鼠标可将设备旋转至任意角度（也可以直接输入角度）。
输入"F"，在图中选择直线或圆，即可在该直线（或直线的延长线）或圆上精确布置设备。
```

步骤 2：根据命令行提示信息选择"各功能房间"区域。可以直接单击布置点，得到如图 5 - 67 所示"任意布置"示例图。

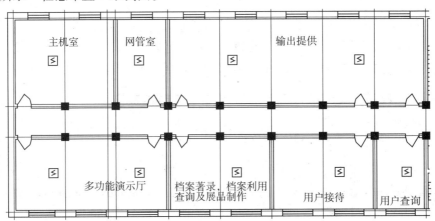

图 5 - 67　"任意布置"示例图

（4）线上布置（拉线拖动）。

此命令通过设置布线数量、边距比、延伸方向、角度、连线方式等在线上拖动的区域内布置设备，适合在狭长区域布置。这里以"走道"为例进行布置。

步骤 1：单击【弱电平面】→【设备布置】，选择对话框中"感烟探测器"，再选择"线上布线"，如图 5 - 68 所示。执行此操作，弹出如图 5 - 69 所示对话框，根据需要设置参数，数量选择"5"，角度选择"0"，连接方式选择"不连"。此时命令栏屏幕会提示：

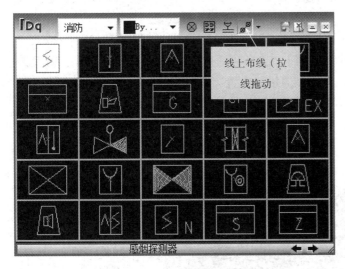

图 5 - 68　"设备布置"对话框

图 5 - 69　"线上布置"对话框

```
命令：PM_ LNBZ_ DRAG_ RD
*弱电线上布置（拉线拖动）* = PM_ LnBz_ Drag_ Rd
请输入沿线第一点〈回车结束〉：
请输入沿线第二点〈回车结束〉：
```

请输入沿线第一点〈回车结束〉：
请输入沿线第二点〈回车结束〉：
取消

步骤2：根据命令行提示，选择"走道"区域。可以根据需要选择起点位置，然后在走道区域内，从左至右沿拉线拖动布置，得到如图 5-70 所示"线上布置"示例图。

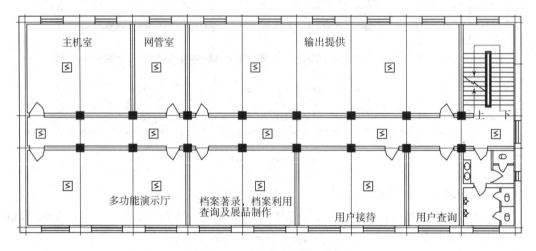

图 5-70　"线上布置"示例图

2. 带手动报警按钮的电话插孔、消火栓按钮和消防接线箱等消防器件布置

带手动报警按钮的电话插孔、消火栓按钮、短路隔离器、声光报警器和火灾报警接线箱平面布置时，一般沿墙线设置，设在墙线外，具体位置根据需要定。

（1）单击【弱电平面】→【平面设置】，"沿墙距离"设为 0。如图 5-71 所示。

（2）单击【弱电平面】→【设备布置】，选择对话框中"消防"下的"带手动报警按钮的电话插孔"，如图 5-72 所示，再选择"沿墙布置"，弹出如图 5-73 所示对话框。"数量"和"间距"根据需要设置，"连线方式"设为"不连"。

消火栓按钮、火灾报警接线箱、声光警报器、短路隔离器等平面布置方法同上。布置完成如图 5-74 所示。

图 5-71　"平面布置"　　**图 5-72　"设备布置"对话框**　　**图 5-73　"沿墙布置"**
对话框　　　　　　　　　　　　　　　　　　　　　　　　　　　**对话框**

3. 消防广播布置

消防广播主要设在走道、楼梯间、大面积人员密集的重要房间，可以吸顶或墙上安装，所以平面布置可以采用"任意布置"、线上布置（拉线拖动）和沿墙布置。

（1）单击【弱电平面】→【设备布置】，选择对话框中"感烟探测器"，再选择"任意布置"，如图 5－75 所示，"连线方式"选择"不连"。

命令栏屏幕提示：

任意布置 = PM_ Rybz

状态：比例 1.00 * 100　角度 50.00

点取位置或 {转90【A】\上下翻转【E】\左右翻转【D】\转角【Z】\沿线【F】\回退【U】} 〈退出〉：

输入 "A"，设备旋转 90°（可连续旋转）。

输入 "D"，设备左右旋转。

输入 "Z"，在图面移动鼠标可将设备旋转至任意角度（也可以直接输入角度）。

输入 "F"，在图中选择直线或圆，即可在该直线（或直线的延长线）或圆上精确布置设备。

（2）根据命令行提示选择"走道"区域。可以直接单击布置点，得到如图 5－76 所示消防广播"任意布置"示例图。

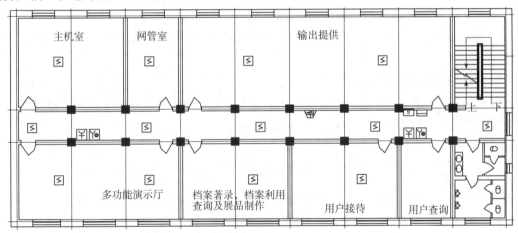

图 5－74　消火栓、手报等消防器件布置示例图

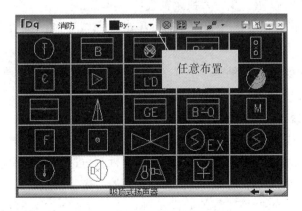

图 5－75　"设备布置"对话框

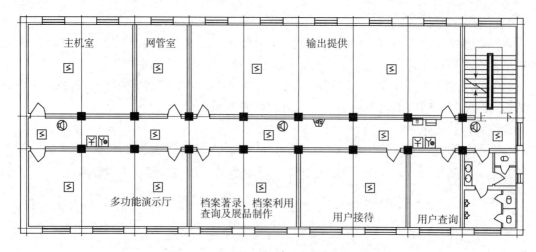

图 5 - 76 消防广播"任意布置"示例图

5.3.2 绘制消防设备之间的导线连接

在消防平面中绘制各消防设备之间的导线，是一项非常重要的工作。不同消防设备之间连接导线采用不同功能的导线绘制，所以绘制连接导线之前要对导线进行参数设置。

（1）绘制消防报警设备连接导线。

可采用"连续布线方法"。此命令以连续输入布置点的布线方式，绘制连续的导线。

1）单击【弱电平面】→【平面布线】→【连续布线】，出现如图 5 - 77 所示对话框。

2）单击 ![按钮] 按钮，即可进入线缆设置对话框："绘制样式""绘制信息""文字信息"。选择"绘制样式"弹出对话框，在该对话框中可以根据绘图需要设置各项参数。例如：输入名称：火灾报警信号线；颜色：Byblock；线型：Contint；线宽：0.5；文字信息：是；内容：FS；高度：3.0；字体：HZTXT；间距：5；位置：线中；角度：水平。完成参数设定，如图 5 - 78 所示。然后单击"添加"按钮，线缆参数设置成功，再单击图 5 - 77 所示对话框"线路类型"下拉菜单，把"火灾报警信号线"置为当前，单击"断线"和"断己"按钮。如图 5 - 79 所示。

3）单击 ![按钮] 按钮，弹出"平面设置"对话框，在"布线设置"中根据绘图需要修改参数，如：断线距离改为"2.0"。参数设置完，单击"确定"按钮。如图 5 - 80 所示。

4）选择所要连接的起始消防设备，从起始消防设备开始引出一条导线，再选择下一个消防设备，即可将两个消防设备连线。依次选择多个消防设备，可将多个设备连线。如果多个消防器件规则布置，且在一条直线上，可直接选择首端消防器件，再选择终端消防器件连线，则直线通过的所有消防器件均连线。在平面图上把感烟探测器、带手动报警按钮的电话插孔、消火栓按钮、短路隔离器、声光报警器等消防设备进行连线操作，绘制完成后如图 5 - 81 所示。

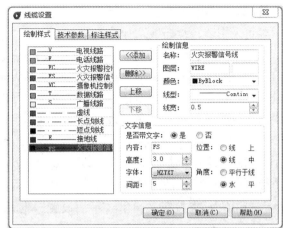

图 5-77 "线缆参数"对话框

图 5-78 "线缆设置"对话框

图 5-79 "线缆参数"设置对话框

图 5-80 "平面设置"对话框

消防报警平面布线还可以选择"间断布线",其参数设置与"连续布线"参数设置基本相同,这里不再详细介绍。

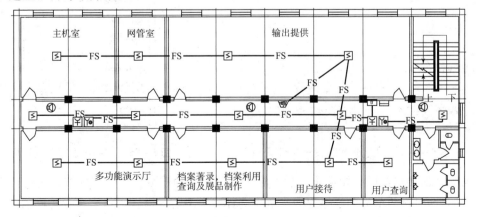

图 5-81 消防报警设备连续布线示例

（2）绘制消防广播连接导线。

可采用"连续布线"操作方法。

1）单击【弱电平面】→【平面布线】→【连续布线】，出现如图 5－82 所示对话框。

2）单击 ▦ 按钮，即可进入线缆设置对话框："绘制样式""绘制信息""文字信息"。选择"绘制样式"弹出对话框，在对话框中可以根据需要设置各项参数。例如：输入名称：消防广播线；颜色：红色；线型：Contint；线宽：0.5；文字信息：是；内容：BC；高度：3.0；字体：HZTXT；间距：5；位置：线中；角度：水平。完成参数设定，如图 5－83 所示。然后单击"添加"按钮，线缆参数设置成功。然后单击图 5－82 对话框"线路类型"下拉菜单，把"消防广播线"置为当前，单击"断线"和"断己"按钮。如图 5－84 所示。

3）单击 ▦ 按钮，弹出"平面设置"对话框，在"布线设置"中根据需要修改参数，如：断线距离改为"2.0"，参数设置完，单击确定。如图 5－85 所示。

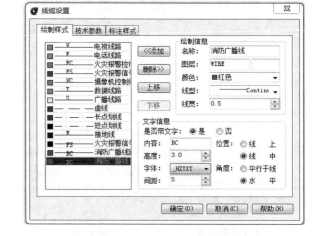

图 5－82　"线缆参数"对话框　　　　　　图 5－83　"线缆设置"对话框

图 5－84　"线缆参数"设置对话框　　　　图 5－85　"平面设置"对话框

4）选择所要连接的起始消防广播，从起始消防广播开始引出一条导线，再选择下一个消防广播，即可将两个消防广播连线。依次选择多个消防广播，可将多个消防广播连线。如果多个消防广播规则布置，且在一条直线上，可直接选择首端消防广播，再选择终端消防广播连线，则直线通过的所有消防广播均连线。绘制完成后如图 5-86 所示。消防广播平面布线还可以选择"间断布线"方式。

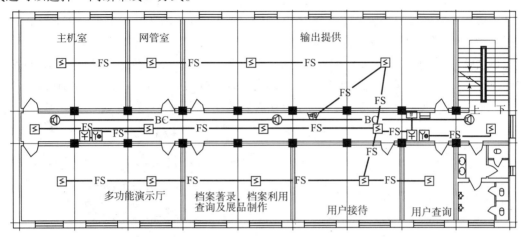

图 5-86　消防广播设备连续布线示例

（3）绘制消防电话连接导线。

可采用"连续布线"操作方法。

1）单击【弱电平面】→【平面布线】→【连续布线】，出现如图 5-87 所示对话框。

2）单击 按钮，即可进入线缆设置对话框："绘制样式""绘制信息""文字信息"。选择"绘制样式"弹出对话框，在对话框中可以根据需要设置各项参数。例如：输入名称：消防电话线；颜色：青色；线型：Contint；线宽：0.5；文字信息：是；内容：F；高度：

图 5-87　"线缆参数"对话框

3.0；字体：HZTXT；间距：5；位置：线中；角度：水平。完成参数设定，如图 5-88 所示。然后单击"添加"按钮，线缆参数设置成功。然后单击图 5-87 所示对话框"线路类型"下拉菜单，把"消防电话线"置为当前，单击"断线"和"断己"按钮。如图 5-89 所示。

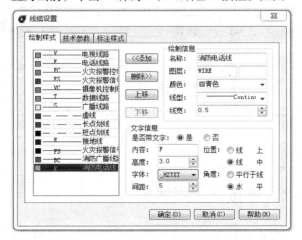

图 5-88　"线缆设置"对话框

3）单击  按钮，弹出"平面设置"对话框，在"布线设置"中根据需要修改参数，如：断线距离改为"2.0"，参数设置完。单击确定如图 5 - 90 所示。

4）选择所要连接的起始消防电话插孔，从起始消防电话插孔开始引出一条导线，再选择下一个消防电话插孔，即可将两个消防电话插孔连线。依次选择多个消防电话插孔，可将多个消防电话插孔连线。如果多个消防广播规则布置，且在一条直线上，可直接选择首端消防电话插孔，再选择终端消防电话插孔连线，则直线通过的所有消防电话插孔均连线。绘制完成后如图 5 - 91 所示。消防电话平面布线还可以选择"间断布线"方式。

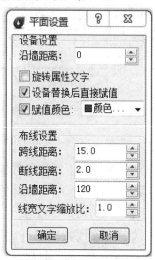

图 5 - 89　"线缆参数"对话框　　　　图 5 - 90　"平面设置"对话框

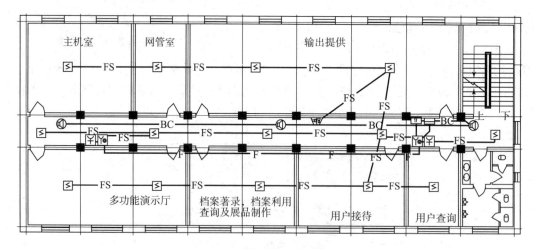

图 5 - 91　消防电话连续布线示例

5.3.3　消防设备赋值及导线标注

"设备赋值"这里是指对消防设备及其线缆赋予相关信息参数，例如：规格、型号、数量敷设方式等，为以后自动生成设备材料统计表做好准备。

浩辰 CAD 电气软件提供了设备赋值和线缆赋值功能，其中设备赋值又包括设备选择赋值和设备整体赋值。这两种赋值方法前面已经介绍过。下面我们采用设备整体赋值方法，对消防设备进行赋值。

1. 消防设备整体赋值

此命令用于对当前图中所有设备进行赋值，以图 5 - 91 为例。

1）单击【弱电平面】→【设备整体赋值】，框选需要赋值的全部设备，再单击鼠标右键或空格，在屏幕上弹出如图 5 - 92 所示"平面设备整体赋值"对话框。

2）分类填写完对话框中所有参数后，单击"赋值"，即可完成对所有设备的赋值。如果图中同一图块已经被赋予了不同的参数信息，对话框中该设备的参数信息用红色表示不能修改。右键单击该参数，文字颜色将被修改为黑色，可以修改参数值，图中该类图块将被赋予同一种参数信息。

赋值后的电气设备符号颜色会发生改变。

图 5 - 92　"平面设备整体赋值"对话框

2. 线缆赋值、标注

其是指对平面图中所有消防设备之间的连接导线进行赋值和检查，以便进行标注和统计材料表。

1）单击【弱电平面】→【线缆赋值】，在屏幕上弹出如图 5 - 93 所示"线缆赋值/检测"对话框，并在屏幕命令栏里显示信息提示：

```
命令：　PM_ Xlfzjc_ Rd
*线缆参数赋值检查* = PM_ XlFzjc_ Rd
请选择需要赋值的导线〈回车结束〉：
请输入窗口的第二点：
```

2）选择需要赋值的导线，再单击鼠标右键或空格，即可以完成赋值。

（a）消防报警　　　　　　　　（b）消防广播　　　　　　　　（c）消防电话

图 5－93　"线缆赋值/检测"对话框

3）消防导线标注。

a. 单击【弱电平面】→【线缆标注】，弹出"标注设置"对话框，标注形式可以在"线缆标注样式"对话框中定义，字高输入"3"；标注方式选择"引线式"；角度选择"0"；线缆选择"导线"；当有中性线时，名称可选用标注形式：编号－型号－中性线－穿管－敷设方式，如图 5－94 所示。

图 5－94　"标注设置"对话框

b. 在屏幕命令栏中会有信息提示

```
命令：
＊线缆型规标注＊＝PM_ XlXgBz_ Rd
请点取截线第一点〈回车结束〉：F
请点取截线第一点〈回车结束〉：
请点取截线第二点〈回车结束〉：
请拾取不需要的线缆：
选择标注位置〈回车不标〉：D
选择标注位置〈回车不标〉：
请点取截线第一点〈回车结束〉：F
```

根据命令栏提示操作，选择要标注的导线，即可完成导线根数标注。

通过以上操作步骤，一张完整的规范的消防报警平面图就绘制完成。如图5-95所示。

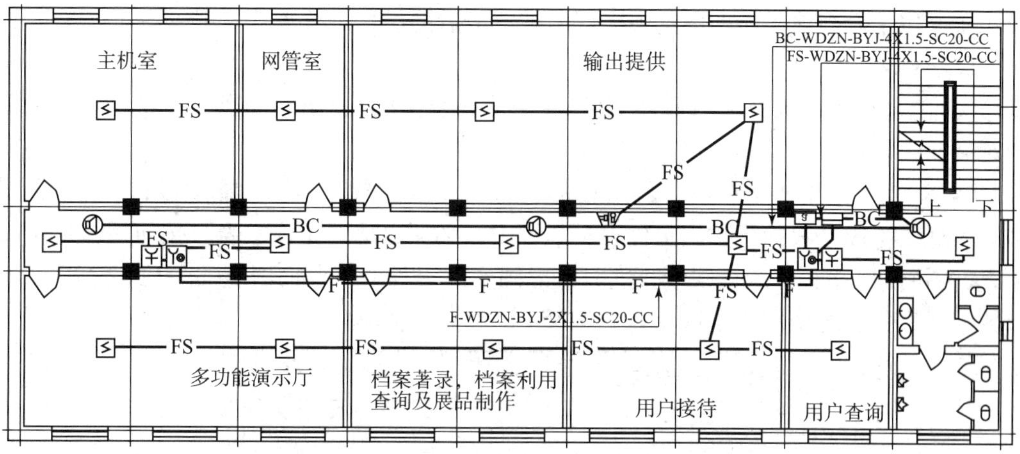

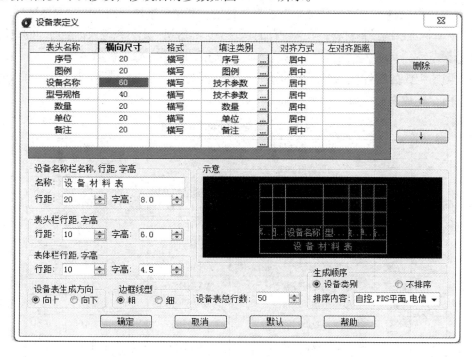

图5-95 消防报警平面图示例

5.3.4 设备与材料统计表生成

1. 设备表定义

单击【弱电平面】→【设备表】→【设备表定义】，弹出"设备表定义"对话框。表头、表体栏里的相关参数，例如："表头名称"中各设备栏的横向距离、行距、字高等，根据自己绘图需要可以修改，修改后的参数如图5-96所示。

图5-96 "设备表定义"对话框

2. 平面统计

此命令用于对当前平面图中选中区域的被赋值后的设备进行统计，现以图 5 - 95 所示为例，生成设备表。

1）单击【弱电平面】→【设备表】→【设备表生成】，出现如图 5 - 97 所示对话框。其中对话框中各选项含义如下：

"生成空表"指生成空表后，再用表格填写功能或设备表编辑功能填表；"空表行数"是指输入想要生成空表的行数。灰色表示不可用，必须启动"生成空表"按钮后才可用。

"线缆裕度"指程序统计线缆长度时考虑到实际工程的情况而留有的余地，这里允许对统计数据加大，线缆裕度通常选 0. 12 ~ 0. 15。

图 5 - 97　"设备表生成" 对话框

2）单击【自动统计】，系统命令栏会提示：

* 平面设备表生成 * = PM_ SBBSC
请输入楼层数量〈1〉: 1

注：输入楼层数量，指统计重复数。如果统计的是某个标准层，则可以输入标准层的数量，统计的是所有标准层的设备材料；如果统计的是一个标准房间，则可以输入标准房间的数量。

请输入选择方式【0 - 框选／1 - 指定统计区域】〈0〉: 0

框选图 5 - 95 的统计框选范围内的消防设备，因为所有消防设备均以赋值，可以直接回车统计全图，完成表格生成。如表 5 - 2 所示。

表 5 - 2　设备材料表生成示例

10	—	火灾报警信号线	WDZN-BYJ 4X1.5	1.2	米	–
9	—	消防电话线	1X	0.0	米	–
8	—	消防广播线路	WDZN-BYJ 4X1.5	8.4	米	–
7	▣	带手动报警按钮的火灾电话插孔	101F-N/P	2	个	–
6	▣	短路隔离器	171F-N	1	个	–
5	▣	消火栓起泵按钮	M-VM3332A	2	个	–
4	▲	火灾声光信号显示装置	JTW-ZD	1	个	–
3	▭	火灾报警装置	WY-XD5-6	1	个	–
2	◎	吸顶式扬声器	WY-X5-6	3	个	–
1	▱	感烟探测器	LN2100	14	个	–
序号	图例	设备名称	型号规格	数量	单位	备注
设备材料表						

思考题

1. 浩辰 CAD 电气设计软件界面有哪些功能？

2. 用浩辰 CAD 电气设计软件绘制照明平面图有几种方法？

3. 怎样把自定义的图块添加到浩辰 CAD 电气设计软件图库管理系统中？

4. 在平面图中布置导线有几种方法？

5. 为什么要对设备赋值？有几种赋值方法？

第6章　强电和弱电系统图绘制

电气系统图的作用主要是利用单线图来表示供配电方案设计和主要电设备的名称、用途、容量、型号规格等技术参数及控制方式等。在建筑电气施工图中，系统图是非常重要的组成部分，包括变配电、动力、照明等强电系统图和消防报警、综合布线、防盗对讲、微机监控等弱电系统图。绘制电气系统图可不按比例，这与平面图绘制是有区别的。本章详细介绍强电和弱电系统图的绘制过程和绘制方法。

第1节　强电系统图绘制

大部分建筑电气软件都提供了多种绘制强电系统图的功能和绘图方法，可以让使用者以最快的速度、最简捷的方法绘制出所需要的系统图。浩辰建筑电气软件提供了两种绘制强电系统图的方法：直接绘制法和自动化设计法。

6.1.1　系统图绘图环境设置

系统图"设置"命令用于设置配电箱系统的相关参数，在绘制系统图前先进行系统图参数设置。

单击【系统设计】→【强电系统】→【设置】，弹出如图6-1所示"配电箱系统图设置"对话框，单位均为 mm。对话框中各选项含义如下：

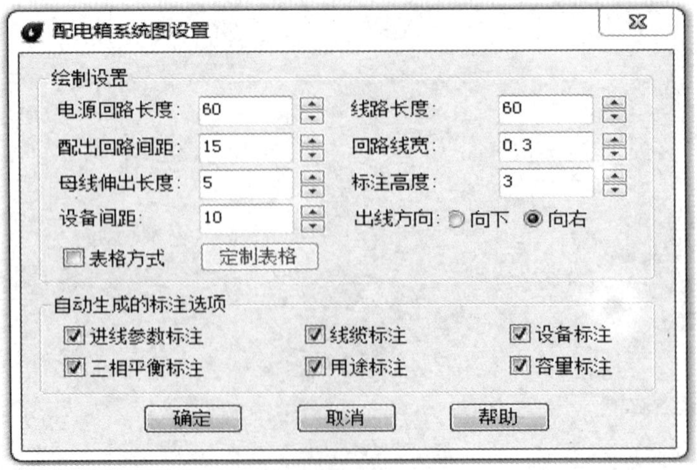

图6-1　"配电箱系统图设置"对话框

"电源回路长度"指配电箱总开关前端进线长度。

"配出回路间距"指配电箱配出各分支回路之间的距离。

"母线伸出长度"指母线最上端和最下端超出配电回路的距离。

"设备间距"指每一配出回路上的各电气设备之间的距离。

"线路长度"指配出回路电气设备末端距离。

"标注高度"指配出回路上线缆标注距回路线的距离。

1. 图型式系统图设置

在图 6-1 所示"配电箱系统图设置"对话框中，绘制样式和有关设置可以根据需要调整。"出线方向"有两种，即线向下绘制和向右绘制。根据需要选择，在"绘制设置"中的所有距离选项均可以根据需要调整参数。"自动生成的标注选项"下面的有关数据赋值后可以自动标注到系统图中，可以根据需要勾选需要标注的选项，如图 6-2 配出回路所示。

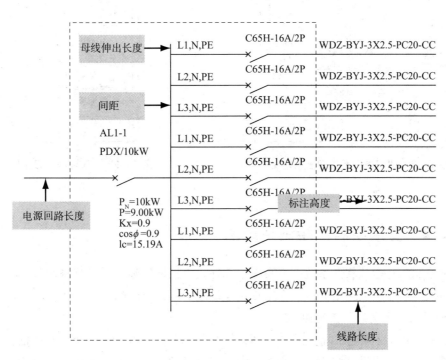

图 6-2　设置参数后的照明系统图示例

2. 表格式系统图设置

在图 6-1 所示对话框中勾选"表格方式"选项，然后单击"定制表格"按钮，会弹出如图 6-3 所示对话框。根据需要选择表头项目和填写内容，并修改表头，表格列宽、行高，表格字高等参数。其中"表头名称"所列的内容全部对应生成的系统图表的标题栏，可以修改和调换上下位置。"填写内容"一栏定义该项目的填写格式，在自动绘制系统图时，软件可以按照此规则自动填写表格。单击填写内容后的按钮 会弹出如图 6-4 所示对话框。

在"填注样式设置"对话框中的"标注项目"中勾选"电源回路"或"配出回路"，

在下拉菜单中选择标注项目，单击"加入"按钮，则所选择的标注项目就加到了"标注项目定义"列表中。用同样的方法可以输入多个标注项目，用同样的方法还可以完成在标注项目之间选择分隔符加入。

例如，照明配电箱系统图中断路器型号栏中，标注内容：C65H－50A/3P，则在"标注项目"应选有"断路器型号""分隔符—"和"断路器规格"，并在"标注样式示例"下方显示。

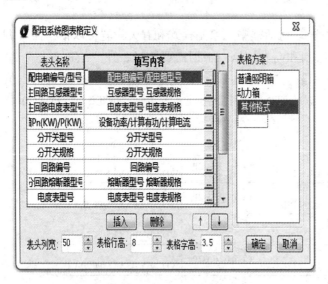

图 6 - 3　"配电箱系统图表格定义"对话框

图 6 - 4　"填注样式设置"对话框

6.1.2　直接绘制法绘制系统图

直接绘制法是指从软件系统图方案库中选择，再根据实际需要进行修改和标注。

下面以绘制照明系统图为例，介绍直接绘制法绘制系统图的操作方法。

1. 调用图库方案绘制系统图

步骤 1：单击【强电系统】→【照明系统图】，会弹出如图 6 - 5 所示对话框。

步骤 2：单击【设计状态】，对话框中会给出多种方案图，根据需要单击一个方案。每个方案图只显示电源回路和一个配出回路，配出回路数量可以在屏幕提示命令栏中输入。

步骤 3：单击【绘制】按钮，在命令栏中输入配出回路数 6，选择输入点，即可输出配电箱方案图。如图 6 - 6 所示。

命令：
输入照明回路数量：6
请选择绘制基点：
请选择绘制基点：

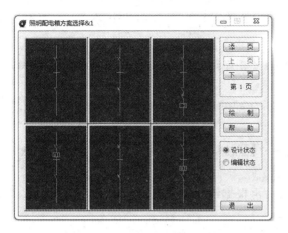

图6-5 "照明配电箱方案选择"对话框

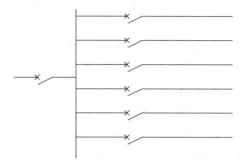

图6-6 照明配电箱方案示例

2. 标注

步骤1：单击【强电系统】→【标注】→【设备标注】，在命令栏中会有提示信息，按提示信息输入参数。

```
命令：PM_ PdxtPsbbz
*配电箱系统图设备标注* = PM_ PdxtPsbbz
字高度：3.5 文字角度： 0 度
文字高度H/文字角度A/请输入窗口（W）第一点〈回车结束〉：
请输入窗口（W）第二点：
请输入强电断路器的型号〈 〉：C65H-16A/2P〈回车结束〉：
```

有几个回路则输入几次。如果标注相同，则输入第一个后按回车键即可在系统图上生成。如图6-7所示。

注意：当命令栏中提示"输入窗口第一点"，则要用窗口把方案图中断路器框选上。如果选择多个设备进行标注，加亮显示的是正在标注的设备，完成该设备标注后，会自动跳转下一个设备进行标注。

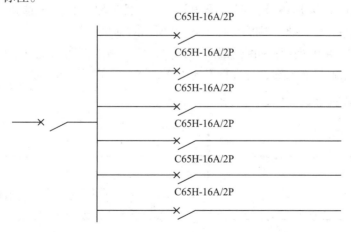

图6-7 照明配电系统图设备标注示例

步骤 2：单击【强电系统】→【标注】→【线缆标注】，在命令栏中会有提示信息，按提示信息输入参数。

步骤 3：单击【强电系统】→【标注】→【相序标注】，在命令栏中会有提示信息，按提示信息输入参数。

步骤 4：单击【强电系统】→【标注】→【配电箱标注】，在命令栏中会有提示信息，按提示信息输入参数。

步骤 5：单击【强电系统】→【标注】→【进线标注】，在命令栏中会有提示信息，按提示信息输入参数。

还可以进行编号标注、用途标注等，最后再根据绘图需要利用 CAD 命令进行修改。标注后的系统图如图 6 − 8 所示。

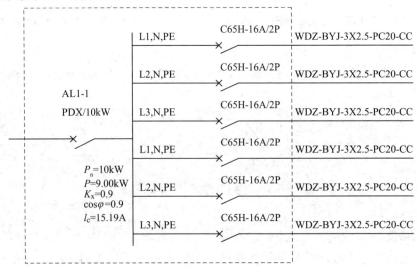

图 6 − 8　照明配电系统图示例

3. 编辑系统图方案

软件还提供了编辑系统方案的功能，可以根据需要编辑和新建系统方案，为了以后使用方便。单击【强电系统】→【照明系统图】，在"照明配电箱方案选择"对话框中勾选"编辑状态"，点取一个方案，则弹出如图 6 − 9 所示对话框。

在对话框中选择电源回路和配出回路的元件，构造新的照明系统方案。单击鼠标右键，在方案中复制和粘贴已有方案，再进行上述工作，增加新的回路方案。

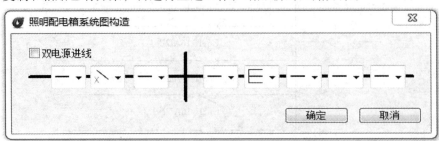

图 6 − 9　"照明配电箱系统图构造"对话框

所绘系统图的间距大小、线路长度、设备间距等参数在系统服务设置中修改（见上节）。绘出系统图后，可用设备编辑功能继续插入元件、替换元件、删除元件、上下级连线。也可应用标注工具中的功能，标注配电箱以及各回路的编号、设备型号规格等。

6.1.3　配电箱自动生成系统图

上节我们介绍了直接绘制系统图的方法，其特点是逐一绘制和标注回路，绘图时间相对较长，下面介绍由配电箱自动生成系统图的方法。

单击【强电系统】→【自动化设计】，弹出如图 6 - 10 所示对话框。"配电箱自动化设计"提供了三种数据输入方法，分别是"直接输入法""从平面图自动提取系统图"以及"从平面图自动提取回路容量"。针对不同设计情况，三种方法的特点有所不同。下面分别介绍这三种方法的操作步骤和绘图技巧。

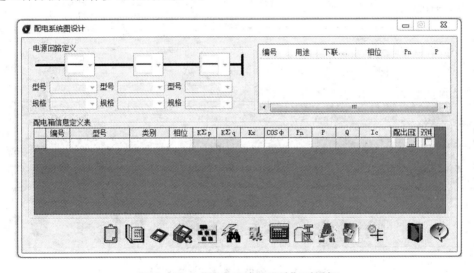

图 6 - 10　"配电系统图设计"对话框

1. 直接输入法

直接输入法是在"配电系统图设计"对话框表格中，直接输入各回路灯具设备的负荷，然后利用软件的自动化设计功能对电气设备、线缆等进行选型等相关操作，并自动生成系统图的方法。该种方法的操作步骤如下：

1）定义各个配电箱及其电源回路：输入相关的技术参数。每个配电箱可分为电源回路和配出回路。调用命令，弹出如图 6 - 11 所示的配电箱信息定义表，可以将低压系统中所有配电箱都罗列到表格中，每行一个配电箱，并把每个配电箱进行编号相互区分，创建办法如下：

a. 单击"新建"按钮生成一张空表。

b. 在"配电箱信息定义"列表框内，填入配电箱编号、型号、类别，如：普通配电箱或电源进线配电箱。相位是指主开关的相位以及功率因数、需要系数。配电箱各行数据可以单击右键进行复制、粘贴、删除、剪切等操作。

c. 定义电源回路形式，选中任一配电箱，可以看到对话框上部"电源回路定义"区域亮显，此时可以对电源回路进行定义赋值，选择电气元件和型号规格。也可在创建"信息定义表"之前，利用设置按钮 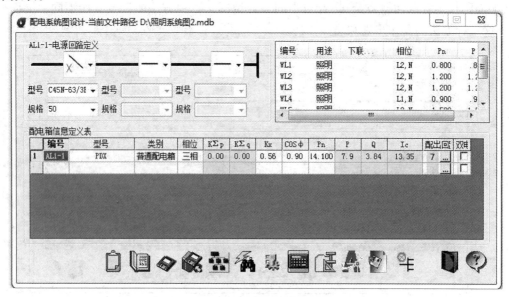 先设定回路形式。

其中黄色区域是根据每个配电箱配出回路数据，计算得到的结果，白色区域表示可以输入数据，其中总配电箱要输入 $K_{\Sigma P}$ 和 $K_{\Sigma q}$，其他数据可根据下级配电箱的数据汇总计算得到。普通配电箱的所有数据也是根据配出及下级配电箱的数据计算得到，其中 K_x 和 $\cos\varphi$ 可以修改，重新计算 P、Q、I_c。

配电箱编号中数字如果在字母（如：AL，AP 等）前面时，例如 1AL，则在复制粘贴配电箱时可以自动累加编号。

软件配有相关规范，可以通过"查询" 按钮查看相关设计规范中的功率因数和需要系数表。

图 6-11　"配电系统图设计"对话框

2）定义配出回路列表单击图 6-11 所示"配电系统图设计"对话框中的"配出回路"按钮，弹出"配出回路对话框"，如图 6-12 所示，输入该配电箱的配出回路数据参数。如果是首次进入编辑，则必须存盘后才可进入配出回路的对话框。

在回路定义信息表中白色区域内输入配出回路的相关参数，包括回路编号、用途（可在自动绘图时标注）、下级配电箱等。软件自动计算有功功率、无功功率和计算电流。

输入下级配电箱时，应输入前一个对话框中输入的配电箱编号，如连接多个配电箱，输入的多个配电箱编号应以逗号隔开，如"1AL，2AL"。相位一栏如果是单相，可以不输入，由软件自动分配。

在对话框"配出回路定义"中，软件会根据设置自动选择电气元件及型号，可以修改设置参数。

软件还可以根据计算电流，自动选择导线的型号规格及穿管规格，在每个回路的最后显示，也可以进行修改。方法是单击"导线型号规格"下的 按钮，弹出对话框，根据需要选择导线型号，查询电缆截面、管径等，单击"确定"按钮，把查询得到的数值返回。按下对话框最下端"调整相位"按钮，可进行相序调整，不能平衡的可以人工设置相位。单击确定 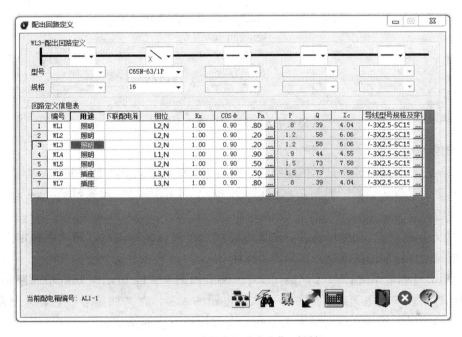 按钮确认返回。

根据规范要求，配电箱负荷不平衡率设为 15%，如果三相平衡，则负荷按照三相负荷与各项单项负荷之和进行计算；若三相不平衡，则负荷按照三相负荷与最大单向负荷的三倍相加进行计算。

图 6 – 12　"配出回路定义"对话框

3）需要系数、功率因数查询：按下系统"查询" 按钮，查询需要系数和功率因数。软件收录了《工业与民用配电设计手册》中所有相关数据。

4）自动绘制系统图：软件可以输出某个配电箱的系统图，即选中一个普通配电箱，再单击"绘制" 按钮，可以输出该配电箱的系统图。也可以输出整个系统的配电箱系统图，即选中一个总配电箱再单击"绘制" 按钮，当命令行询问是否绘制下级配电箱时，输入"Yes"，可以绘制整个系统的配电箱系统图。如图 6 – 13 所示。

5）输出计算书：按"CAD 计算书" 按钮或"Word 计算中" 按钮，则分别输出计算书到 CAD 软件或 Word 文档中。

6）工程存储。有三种方法分别是：

a. 按下"打开" 按钮，打开存盘文件，文件保存格式为 mdb。

b. 按下"另存" 按钮，存盘或是另存文件，文件保存格式为 mdb。

c. 按下"新建" 按钮，新建一个数据库文档。

7）编辑修改：如果修改了系统中任何参数或负荷，可以按下"重新计算" 按钮，对所有相关的回路进行重新计算和选型。

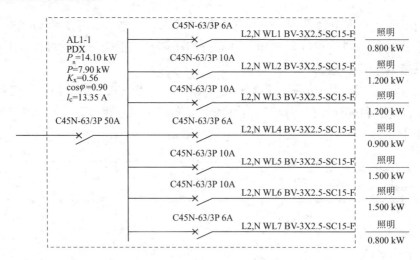

图6-13　照明配电系统图示例

2. 自动生成系统图的方法

可以从已经绘制完成并且赋值的照明平面图（例如：第五章图5-54中，搜索设备的赋值信息）上自动读入数据，赋值信息包括：配电箱、回路编号、设备容量（灯具容量为灯头数目×额定容量）等。

如果设备赋值时，用电设备没有对配电箱和回路进行编号，可以到"回路定义"中定义设备所属配电箱和回路的编号，具体步骤如下。

1）单击【强电系统】→【回路定义】，弹出如图6-14所示"配电箱回路定义、检查"对话框。在"配电箱编号"栏中输入配电箱的编号，在"回路号"栏输入回路编号，单击对应"定义"按钮，再到平面图上框选或点选属于该回路的设备，这样回路就和这些设备建立了连接关系。最后单击"赋值配电箱"，在平面上点取相应的配电箱就完成了对于一个配电箱及其回路的定义。

配电箱回路定义、检查

配电箱编号：AL1-1　　　　　　图中拾取　　赋值配电箱

回路号	灯具	插座	配电箱	用电设备	容量	检查	定义
WL1	1		AL1-1		10.600	...	...
WL2	10				0.720	...	...
WL3	8				0.268	...	...
WL4	16				1.152	...	...
WL5						...	...

图6-14　"配电箱回路定义、检查"对话框

2）对于已经建立联系的用电设备和回路，根据需要也可以删除此连接关系，单击某个回路后的"定义"按钮，单击需要取消连接关系的用电设备，可以看见设备颜色发生的变化。特别是如果定义连接时，单击了其他回路的设备，该设备自动解除和原来回路的连接关系。

根据建筑照明设计的相关标准，按照以上步骤对第五章中"图5-54照明平面图"进

行回路定义。

a. 单击【自动化设计】弹出如图6−15所示"配电箱系统图设计"对话框。单击 按钮，可自动提取平面图中的配电箱及其回路编号及容量信息。

b. 在对话框表格内输入编号、相位、型号规格、需要系数K_x、功率因数$\cos\varphi$、类别以及配出回路的用途等电气参数，单击"计算"按钮。其他操作方法同前面所讲。

特别指出，在选取照明平面图中的配电箱之前，要先检查所选配电箱等设备的回路是否定义赋值完成。在"配电回路定义、检查"对话框中，选择一配电箱，列出回路号，单击某个回路后面的检查按钮，可以看到在平面图上，所有该回路的设备改变颜色，可以依照屏幕提示，定义变化的颜色，据此检查回路赋值情况。

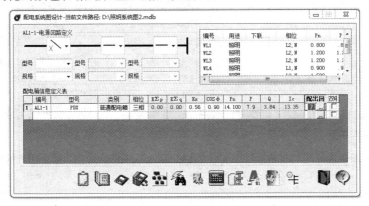

图6−15　"配电箱系统图设计"对话框

3. 从平面图自动提取回路容量

平面图中的设备可以不定义回路信息，而只需要给电气设备的容量赋值，然后使用从平面图自动提取回路容量，操作步骤如下：

1）单击【自动化设计】→【配出回路】按钮，弹出如图6−16所示"配出回路定义"对话框。在设备功率"P_n"旁有一个 按钮，单击该按钮，可以从平面图提取该回路容量，如图6−17所示。

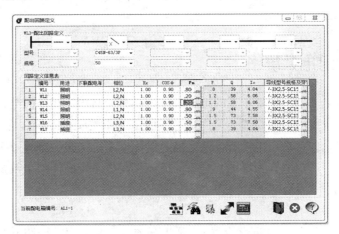

图6−16　"配出回路定义"对话框

2）在对话框中，单击"增加"进入 CAD 软件中，框选此回路的设备，软件将选到的设备和容量列出，并计算出总负荷。

3）单击"确定"按钮返回，并将选定设备容量值写到"P_n"栏中。

图 6 - 17　"回路容量选择"对话框

图 6 - 18　"系统设计中习惯使用的常量"对话框

4. 系统图方案和自动选型设置

1）单击"设置" 按钮，弹出如图 6 - 18 所示"系统设计中习惯使用的常量"对话框。可以进行配电箱方案设置和电气元件自动选型设置。根据此设置，可以自动将各个回路自动选型，包括电缆和各种电气元件。

设备选型定义：选择"设备选择"，选取某种电气设备如"断路器"，在右侧"该设备型号默认值"选择设备的默认型号如"C65N - 63/1P"。规格根据配出回路的计算电流整定得到，例如，回路电流计算结果为 39.9A，断路器型号默认为 C45N - 63/3P，规格整定为 50A。对于有上下级配合的断路器，上级采用比下级放大一级的方法选择。

2）线、电缆选型定义：软件根据计算电流，自动按照设计手册提供的数据，自动选择导线型号和保护管规格。

6.1.4　供配电系统图

供配电系统是电力系统中最重要的组成部分，是直接与用户相连的部分，通常由用户变电站、供配电线路及用电设备组成，是建筑电气的最常用的配电系统，它对电能起着接收、转换和分配的作用，向各种用电设备提供电能。供配电系统图是用单线图来表示电能或电信号的回路分配情况，通过电气系统图，可以知道该供配电系统的回路个数及主要用电设备的容量、控制方式等。

1. 回路设置

单击【供配电系统】→【回路设置】，弹出如图 6 - 19 所示"回路方案设置"对话框。"回路间距"是指配电回路之间的距离，参数可根据需要调整。"母线宽度"是指配电回路母线的宽度，可根据需要设置。

2. 回路绘制

单击【供配电系统】→【回路绘制】，弹出如图 6-20 所示对话框。绘制回路时，应在左下角的选项中，选择"插入"。此时系统在 CAD 软件命令栏中提示：

命令：
回路方案设计 =Hldym
*请输入回路插入点，〈回车取上次值〉：

可以任选一点，开始绘制新的回路；或按回车键，系统会自动接在上次绘制的最后一个回路后绘出新的回路。

选插入点 I/绘制回路 S：

可以直接点取要绘制的回路，也可以键入"I"（单击插入点按钮），重新选择绘制点。在绘制过程中，可以随时键入"U"，或单击回退按钮，取消上次绘制的回路。完成绘制，如图 6-21 所示。

图 6-19 "回路方案设置"对话框

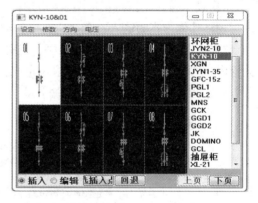

图 6-20 "回路库"对话框

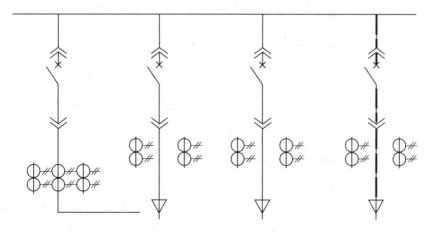

图 6-21 配电系统图示例

3. 定货图表格

在建筑电气施工图中，我们看到的高低压供配电结线系统图通常是带有表格形式的，定货图表格是指在高低压系统图中绘制的表格。定货图设置用来设置高压、低压、配电箱定货图的规格、型号。

单击【供配电系统】→【定货图表格】→【定货图设置】，出现如图 6-22 "定货图设置"对话框所示。

"数据模板"项提供了适合不同定货图型式的不同模板。可以根据定货图型式来选择合适的模板。

"高压定货图型式"一栏中"表格式""图形式"是指设备的型号规格，根据自己的习惯来决定是直接标注在图形中还是列出在定货图表格中。

"低压定货图型式"一栏中"表格式""图形式"也是指设备的型号规格。是直接标注在图形中还是列出在定货图表格中，根据自己的绘图习惯决定。"手车式""固定式"是指成套低压柜的型号。

"有虚框"按钮，此项设置配电箱定货图绘制时，是否绘制虚框。当这一项不被选中时，下面的"虚框左上角点相对母线的 Y 值"和"虚框右下角点相对母线 Y 值"显示禁止输入。

"横式"按钮是指将定货图表格的内容（例如用途）按柜子的排列顺序输入完毕后，再进行表格其他内容的输入，直至所有内容输入完成，即"先横后竖"顺序。

"竖式"是指按柜子的排列顺序，将每一开关柜的所有内容输入完成后，再进行其他开关柜内容的输入，直到所有内容输入完成，即按"先竖后横"顺序。此项内容只有在"输入方式"为"交互输入"时才有意义。

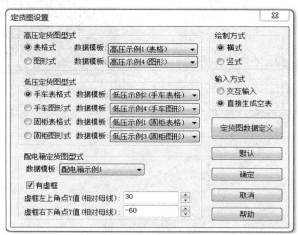

图 6-22 "定货图设置"对话框

"交互输入"按钮，是指生成定货图表格时逐一提示输入内容。

"直接生成空表"按钮，是指生成定货图表格时，先生成空表，定货图的内容均以红色的"X"表示，后续可以用"自动填注内容编辑"功能或者"表格填写"进行内容的填注。

"定货图数据定义"一栏，单击此项后可对定货图数据模板进行编辑和自定义。详细操作见"定货图数据编辑"。

"默认"是指为了防止随意修改数据导致原始数据丢失，提供"默认"按钮，无论怎样修改，单击此按钮，即可恢复原始数据。

每一种数据模板的具体形式在单击"定货图数据定义"按钮后均有动态显示。定货图的设置按照自己的习惯设定完成，如需要其他电脑共享，只需把定货图设置文件（Dhtsj.idp，在 \ Datcom 目录下）复制出即可。

4. 高压定货图（下）

单击【供配电系统】→【定货图表格】→【高压下】，进行定货图设置，确定模板及其他选项是否符合自己的要求，此时如果定货图设置中"输入方式"选择"交互输入"，则逐项提示输入内容。选择"直接生成空表"生成空表后结束。

如图 6 - 23 所示，是通过"绘制回路选择""回路编辑""符号编辑""标注""项目代号标注""直接生成空表"等步骤绘出的图形，可以用"自动填注内容编辑"功能或者"表格填写"功能来填写文本内容。选择出线时，应框入完整回路，包括母线。

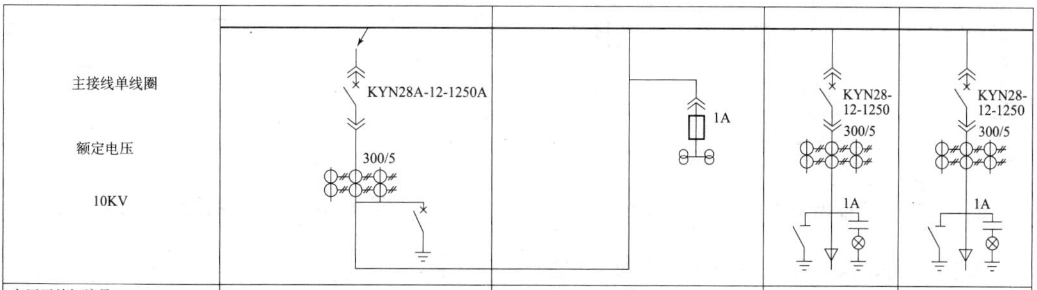

主接线单线圈 额定电压 10KV										
高压开关柜编号	A1				A2				A3	A4
高压开关柜型号	KYN28-022				KYN28-044				KYN-10-08	KYN-10-08
高压开关柜外形尺寸　W×D×H	800×1500×2300				800×1500×2300				800×1500×2300	800×1500×2300
开关柜电气设备名称	型号	规格	数量	规格	数量	规格	数量	规格	数量	规格	数量
电流互感器										
电压互感器										
断路器										
熔断器										
隔离开关										

图 6 - 23　高压定货图的示例

第 2 节　弱电系统绘制

弱电平面图及材料表的绘制方法与强电基本相似，本节主要通过实际绘制消防系统图、综合布线系统图来详细介绍绘制弱电系统图的绘制方法与步骤。

应用浩辰电气软件绘制弱电系统图的基本步骤如下：

1）在平面图中绘制楼层线。

2）在平面图中布置弱电设备。

3）在平面图中绘制导线。

4）在平面图中标注设备及导线。

6.2.1　消防系统图的绘制

1. 绘制楼层线

单击【弱电系统】→【楼层绘制】会弹出如图 6 - 24 所示"楼层绘制定义"对话框。

命令栏会有信息提示：

命令：
请确定楼层线绘制的左下角点〈回车结束〉：
请确定楼层线绘制的长度〈回车结束〉：

根据命令栏信息提示绘制如图 6 - 25 所示示例。

图 6 - 24   "楼层绘制定义"对话框   图 6 - 25   绘制楼层线示例

"楼层绘制定义"对话框中各选项含义：

1）"地上层数"：是指地上层数从 1 层开始，根据绘图需要输入楼层总数。

2）"标准层起始"和"标准层终止"：是指相连标准层可以只画一层，输入起始和终止楼层。

3）"层距"：根据绘图需要设置层线之间的间距。

4）"带竖向分区"：绘制时划分竖向分区，如主楼区和裙房区，又如住宅一至三单元分区绘制。

5）"绘制"：单击开始进入 CAD 软件进行绘制。

楼层线绘制也可以用来绘制供配电系统图中的楼层。

执行单击【弱电系统】→【楼层绘制】。

命令：
请确定楼层线绘制的左下角点〈回车结束〉：
请确定楼层线绘制的长度〈回车结束〉：

2. 设备布置

（1）布置楼层消防报警接线箱。

单击【弱电系统】→【层间布箱】，会弹出如图 6 - 26 所示对话框和如图6 - 27 所示对话框。在"设备布置"对话框中选择"楼层消防报警接线箱"，在"层间箱布置连线定义"对话框中不勾选"是否连线"，设备布置完成后将进行连线。

选择如图 6 - 26 所示的设备后，在"绘制楼层线示例"中应首先选择起点绘制一段楼层线，然后绘制一根截线，如图 6 - 28 所示。穿过的楼层上会自动布置好楼层消防报警接线箱，效果如图 6 - 29 所示。

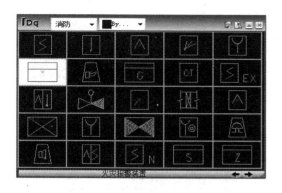

图 6 - 26　"设备布置"对话框

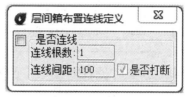

图 6 - 27　"层间箱布置连线定义"对话框

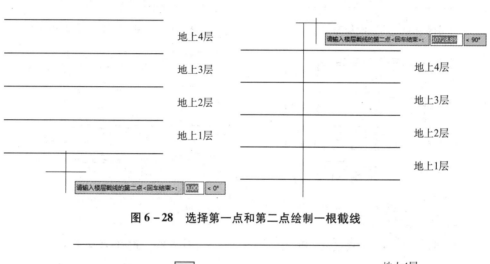

图 6 - 28　选择第一点和第二点绘制一根截线

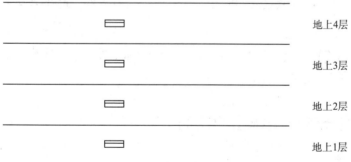

图 6 - 29　楼层消防报警接线箱布置示例

（2）布置消防设备。

消防设备包括感烟探测器、感温探测器、消火栓按钮、手动报警带电话插孔、声光报警器、消防广播、消防电话等。操作方法与布置"楼层消防报警接线箱"相同，单击【弱电系统】→【层间布箱】，在"设备布置"对话框中选择感烟探测器等上述消防设备，完成布置，如图 6 - 30 所示。

（3）布置集中报警控制器。

在一层消防控制室内布置集中报警控制器，操作方法与"布置消防设备"相同，在"设备布置"对话框中选择集中报警控制器完成布置，如图 6 - 31 所示。

3. 设备连线

选择"直线"命令根据绘图需要连接设备，如图 6-32 消防设备连线示例所示。

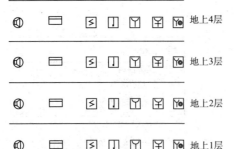

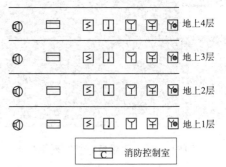

图 6-30　消防设备布置图　　　　　图 6-31　集中报警控制器布置图

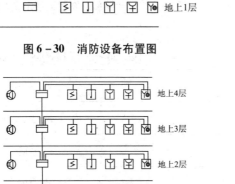

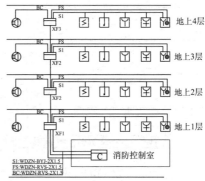

图 6-32　消防设备连线示例　　　　图 6-33　消防线缆标注示例

4. 设备标注

单击【弱电系统】→【线缆标注】，绘制截线，标注被截到的线缆，根据绘图需要使用 AutoCAD 绘图命令进行修改，如图 6-33 所示。

6.2.2　综合布线系统图的绘制

1. 绘制楼层线

单击【弱电系统】→【楼层绘制】会弹出如图 6-34 "楼层绘制定义"对话框。根据命令栏信息提示，绘制如图 6-35 所示绘制楼层线示例。

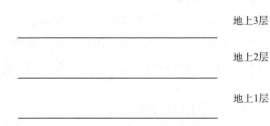

图 6-34　"楼层绘制定义"对话框　　　　图 6-35　绘制楼层线示例

2. 设备布置

（1）布置楼层交接箱、信息插座、电话插座。

单击【弱电系统】→【层间布箱】，会弹出如图 6-36 和图 6-37 所示对话框。操作方法与绘制消防设备布置相同，在"设备布置"对话框中选择双孔信息插座、双孔电话插座、落地交接箱，通过左右箭头切换页面，选择其他设备完成布置。布置完成后的效果，如图 6-38 所示。

（2）布置网络配线架、中间配线架、光纤线配线架、楼层配线架和程控交换机。

操作方法与布置双孔电话插座相同，在"设备布置"对话框中选择网络配线架、中间配线架、光纤线配线架、楼层配线架和程控交换机等，通过左右箭头切换页面，选择其他设备完成布置。布置完成后的效果如图 6-38 所示。

图 6-36　"设备布置"对话框

图 6-37　"层间箱布置连线定义"对话框

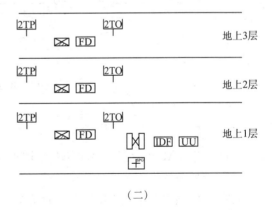

图 6-38　设备布置图

3. 设备连线

选择"直线"命令，根据绘图需要连接设备，效果如图 6-39 所示。

4. 设备标注

单击【弱电系统】→【线缆标注】，绘制截线，标注被截到的线缆，根据绘图需要使用AutoCAD 绘图命令进行修改，如图 6-40 所示。

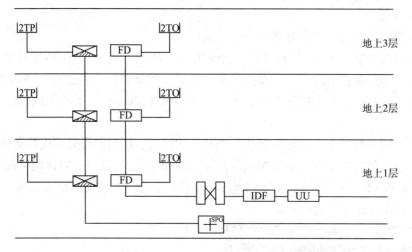

图 6-39   综合布线设备连线示例

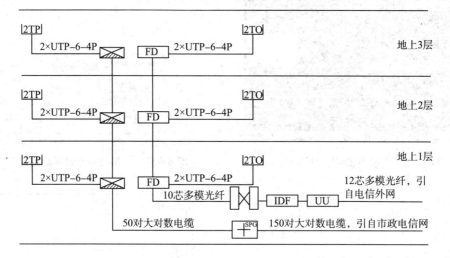

图 6-40   综合布线线缆标注示例

 思考题

1. 浩辰 CAD 电气设计软件提供了哪两种绘制配电箱系统图的绘制形式？

2. 怎样设置绘制系统图的参数？

3. 配电箱自动生成系统图有几种方法？具体怎样操作？

4. 怎样绘制弱电系统图？基本步骤是什么？

5. 怎样检查配电箱等设备的回路是否已定义？

第7章　建筑电气防雷与接地平面图绘制

防雷与接地平面图是建筑电气施工图重要的组成部分。在进行电气设计中，绘制防雷与接地电气施工图一般要分两部分：一是屋面防雷平面图的绘制，主要包括接闪器、引下线等接雷电流和引雷电流的装置，防止建筑物因雷击而造成损害；二是接地平面图的绘制，主要包括接地极，是用来把接闪器和引下线接来的雷电流导入大地的装置，防止建筑物因雷击而造成损害。

第1节　屋面防雷平面图的绘制

屋面防雷平面图主要包括接闪器和引下线的绘制，其中接闪器有两种形式：避雷带和避雷针。避雷带根据防雷类别设计不同的网格形式，引下线的间距根据防雷类别设置。

7.1.1　避雷带绘制

在如图7-1所示的建筑图上绘制防雷平面图。

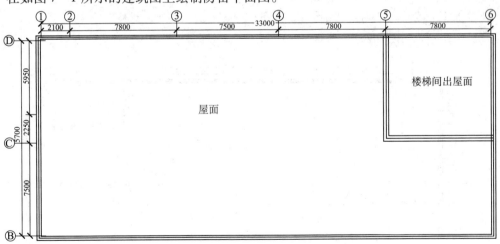

图7-1　屋面平面图

1. 防雷设置

单击【平面设计】→【防雷接地】→【设置】，会弹出如图7-2所示对话框。用户可以根据绘图需要设置防雷线的宽度、颜色和绘制图例尺寸。这里接地极半径和支撑卡子的大小是指图上尺寸（单位：mm）。

图 7 - 2　"接地防雷设置"对话框

2. 防雷线绘制

1）单击【平面设计】→【防雷接地】→【绘防雷线】，选择从左上角"①"轴女儿墙中心线处开始，沿女儿墙中心线顺时针方向一周至"D"轴结束，按鼠标右键即可生成防雷线。楼梯出屋面处绘制防雷线方法同上，如图 7 - 3 所示。命令行提示信息如下：

```
命令：
＊绘制防雷线＊ ＝DQ_ THDSC
请输入绘制线的起点［弧（A）］〈回车结束〉：
请输入下一点［弧（A）］〈回车结束〉：
请输入下一点［弧（A）／回退（U）］：
请输入下一点［弧（A）／回退（U）］：
请输入下一点［弧（A）／回退（U）］：
```

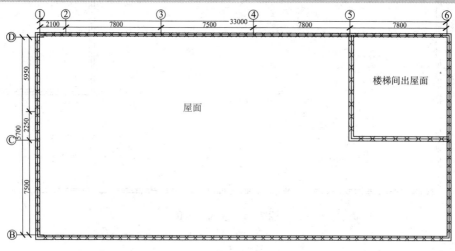

图 7 - 3　屋面防雷线绘制示例（一）

2）根据三类防雷网格不大于 20×20 的要求，绘制内部防雷线，单击【绘防雷线】，在"Ⓓ"轴避雷线上选择第一点向下竖向至"Ⓑ"轴结束。如图 7 - 4 所示。

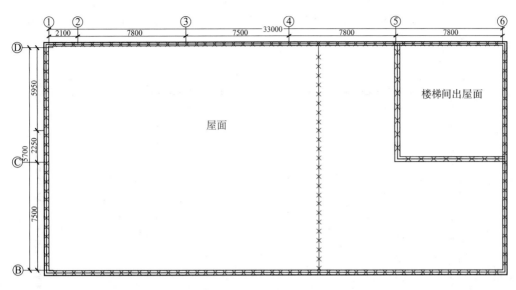

图7-4 屋面防雷线绘制示例（二）

3）用"防雷网格"绘制。

单击【平面设计】→【防雷接地】→【防雷网格】，会弹出如图7-5所示对话框，在此对话框中选中"手工指定"按钮，勾选"内部网格"复选框，在"防雷等级"下拉选项中选择"三级"，在"网格间距"下拉选项中选择"20×20"。然后再选择从左上角"①"轴女儿墙中心线处开始，沿女儿墙中心线顺时针方向至"Ⓓ"轴，按鼠标右键结束，再向右侧拉动鼠标，按鼠标左键结束，即可生成防雷网格，效果同图7-4所示。命令行提示信息如下：

图7-5 "绘制防雷网"对话框

```
命令：
* 防雷网绘制 * = DQ_ FLWG
请输入绘制网格区域的起点 ［弧（A）］〈回车结束〉：s
请输入绘制网格区域的起点 ［弧（A）］〈回车结束〉：
请输入下一点 ［弧（A）］〈回车结束〉：
请输入下一点 ［弧（A）／回退（U）］〈回车结束〉：
请输入下一点 ［弧（A）／回退（U）］〈回车封闭区域〉：
请输入下一点 ［弧（A）／回退（U）］〈回车封闭区域〉：
请输入下一点 ［弧（A）／回退（U）］〈回车封闭区域〉：
请选择偏移方向〈回车结束〉：
```

7.1.2 引下线绘制

单击【平面设计】→【防雷接地】→【插入箭头】，根据三类防雷网格不大于20×20

的要求，选择建筑的四角和"④"轴与"Ⓓ"轴、"Ⓑ"轴的相交处共六点做防雷引下线。如图 7 - 6 所示。

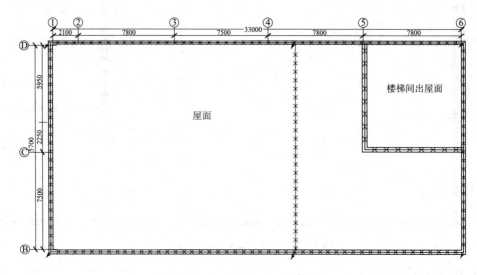

图 7 - 6　防雷引下线示例

7.1.3　防雷平面标注

单击【平面设计】→【防雷接地】→【标防雷网】，点取防雷线，弹出如图 7 - 7 所示对话框。参数在此对话框中设置，点取防雷线结束。利用 AutoCAD 命令标注其他支持卡子和引下线。最后防雷标注如图 7 - 8 所示。

图 7 - 7　"防雷线标注设置"对话框

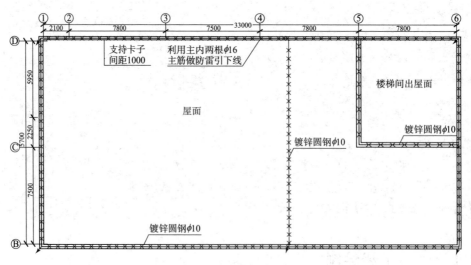

图 7 - 8　防雷标注示例

第 2 节　接地平面图的绘制

7.2.1　接地线绘制

在如图 7 - 9 所示的建筑图上绘制接地平面图。

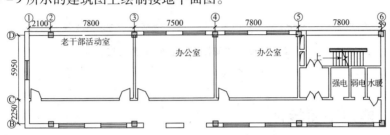

图 7 - 9　首层平面图

1. 接地设置

单击【平面设计】→【防雷接地】→【设置】，操作同防雷设置。用户可以根据绘图需要设置接地线宽度、颜色和绘制图例尺寸。

2. 接地线绘制

1）单击【平面设计】→【防雷接地】→【绘接地线】，选择从左上角"①"轴墙中心线处开始，沿墙中心线顺时针方向一周至"⑩"轴结束。按鼠标右键即可生成接地线，如图 7 - 10 所示。命令行提示信息如下：

```
命令：
命令：DQ_ Grdsc
*绘制接地线* = DQ_ Grdsc
请输入绘制线的起点 [弧 (A)]〈回车结束〉：
请输入下一点 [弧 (A)]〈回车结束〉：
请输入下一点 [弧 (A) /回退 (U)]：
请输入下一点 [弧 (A) /回退 (U)]：
请输入下一点 [弧 (A) /回退 (U)]：
请输入下一点 [弧 (A) /回退 (U)]：
```

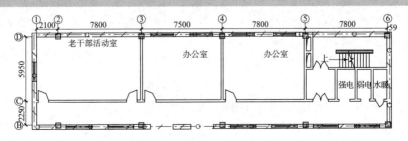

图 7 - 10　首层接地线绘制示例（一）

2）绘制内部接地线，单击【接地线】，在各个轴线处均绘制，如图 7 - 11 所示。

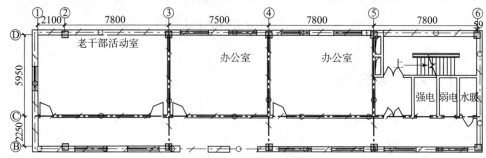

图 7 - 11　首层接地线绘制示例（二）

7.2.2　接地平面标注

单击【平面设计】→【防雷接地】→【标防雷网】，点取接地线，弹出如图 7 - 12 所示对话框和图 7 - 13 所示对话框。参数在此对话框中设置。点取接地线、接地极结束。最后接地标注如图 7 - 14 所示。

图 7 - 12　"接地线"标注对话框

图 7 - 13　"接地极"标注对话框

命令行提示信如下：

命令：
请选择需要标注的防雷接地网〈退出〉：
指定窗口角点，输入比例因子（nX 或 nXP），或
［全部（A）/中心点（C）/动态（D）/范围（E）/上一个（P）/放大（I）/缩小（J）/左边（L）/右边
（R）/比例（S）/窗
口（W）/对象（O）］〈实时〉：第一点：
对角点：
请选择需要标注的防雷接地网〈退出〉：找到 1 个，总计 1 个
请选择需要标注的防雷接地网〈退出〉：
请输入接地极标注位置：

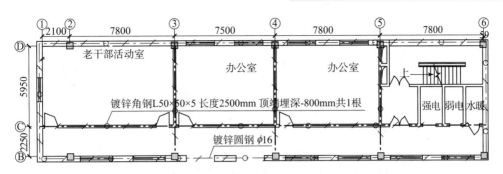

图 7-14　首层接地标注示例

 思考题

1. 用浩辰 CAD 电气设计软件怎样进行防雷设置?
2. 怎样用浩辰 CAD 绘制屋面防雷平面图?
3. 怎样用浩辰 CAD 绘制接地平面图?
4. 如何标注防雷线和接地线?

参 考 文 献

［1］王佳. 建筑电气 CAD ［M］. 北京：中国电力出版社，2008.

［2］钟日铭. AutoCAD2014 机械设计制图 ［M］. 北京：中国机械工业出版社，2013.

［3］孙成明. 建筑工程 CAD 制图丛书——建筑电气 CAD 制图 ［M］. 北京：化学工业出版社，2013.

［4］谭荣伟，卢晓华. 建筑电气专业 CAD 绘图快速入门 ［M］. 北京：化学工业出版社，2010.

［5］毛建东. 建筑电气 CAD ［M］. 北京：中国轻工业出版社，2011.

［6］郑坚. 建筑电气 CAD ［M］. 北京：中国建材工业出版社，2013.

［7］谭荣伟. 建筑电气 CAD 绘图技巧快速提高 ［M］. 北京：化学工业出版社，2014.

［8］岳永铭. 建筑电气工程设计——CAD 技巧与应用 ［M］. 北京：中国机械工业出版社，2013.

［9］孙成明，付国江. 建筑工程 CAD 制图丛书——建筑电气 CAD 制图 ［M］. 北京：化学工业出版社，2013.

［10］王佳. 建筑电气 CAD 实用教程 ［M］. 北京：中国电力出版社，2014.